U0252085

中国国家公园体制建设研究丛书
Research Series on Development of China's National Park System

Research on
Overall Spatial Planning for
China's National Park System

中国国家公园
总体空间布局
研究

欧阳志云　　徐卫华　杜　傲　──　等著
雷光春　　　朱春全　陈　尚

中国环境出版集团·北京

图书在版编目（CIP）数据

中国国家公园总体空间布局研究/欧阳志云等著.
—北京：中国环境出版集团，2018.10
（中国国家公园体制建设研究丛书）
ISBN 978-7-5111-3749-4

Ⅰ．①中… Ⅱ．①欧… Ⅲ．①国家公园—总体
布局—研究—中国 Ⅳ．①S759.992

中国版本图书馆 CIP 数据核字（2018）第 179891 号

审图号：GS（2018）4833 号

出 版 人 武德凯
责任编辑 李兰兰
责任校对 任 丽
封面制作 宋 瑞

更多信息，请关注
中国环境出版集团
第一分社

出版发行 中国环境出版集团
（100062 北京市东城区广渠门内大街 16 号）
网 址：http://www.cesp.com.cn
电子邮箱：bjgl@cesp.com.cn
联系电话：010-67112765（编辑管理部）
010-67112735（第一分社）
发行热线：010-67125803，010-67113405（传真）
印 刷 北京中科印刷有限公司
经 销 各地新华书店
版 次 2018 年 10 月第 1 版
印 次 2018 年 10 月第 1 次印刷
开 本 787×1092 1/16
印 张 15.25
字 数 290 千字
定 价 138.00 元

中国国家公园体制建设研究丛书

编 委 会

踏上国家公园体制改革新征程

　　自 1872 年世界上第一个国家公园诞生以来，由于较好地处理了自然资源科学保护与合理利用之间的关系，国家公园逐渐成为国际社会普遍认同的自然生态保护模式，并被世界大部分国家和地区采用。目前已有 100 多个国家建立了近万个国家公园，并在保护本国自然生态系统和自然遗产中发挥着积极作用。2013 年 11 月，党的十八届三中全会首次提出建立国家公园体制，并将其列入全面深化改革的重点任务，标志着中国特色国家公园体制建设正式起步。

　　4 年多来，国家发展和改革委员会会同相关部门，稳步推进改革试点各项工作，并取得了阶段性成效。特别是 2017 年，国家发展和改革委员会会同相关部门研究制定并报请中共中央办公厅、国务院办公厅印发《建立国家公园体制总体方案》（以下简称《总体方案》），从成立国家公园管理机构、提出国家公园设立标准、编制全国国家公园总体发展规划、制定自然保护地体系分类标准、研究国家公园事权划分办法、制定国家公园法等方面提出了下一步国家公园体制改革的制度框架。

　　回顾过去 4 年多的改革历程，我国国家公园体制建设具有以下几个特点。

　　一是对现有自然保护地体制的改革。建立国家公园体制是对现有自然保护地体制的优化，不是推倒重来，也不是另起炉灶，更不是对中华人民共和国成立以来我国自然生态系统和自然文化遗产保护成就的否定，而是根据新的形势需要，对保护管理的体制机制进行探索创新，对自然保护地体系的分类设置进行改革完善，探索一条符合中国国情的保护地发展道路，这是一项"先立后破"的改革，有利于保护事业的发展，更符合全体中国人民的公共利益。

二是坚持问题导向的改革。中华人民共和国成立以来，特别是改革开放以来，我国的自然生态系统和自然遗产保护事业快速发展，取得了显著成绩，建立了自然保护区、风景名胜区、自然文化遗产、森林公园、地质公园等多种类型保护地。但自然保护地主要按照资源要素类型设立，缺乏顶层设计，同一类保护地分属不同部门管理，同一个保护地多头管理、碎片化现象严重，社会公益属性和中央地方管理职责不够明确，土地及相关资源产权不清晰，保护管理效能低下，盲目建设和过度利用现象时有发生，违规采矿开矿、无序开发水电等屡禁不止，严重威胁我国生态安全。通过建立国家公园体制，推动我国自然保护地管理体制改革，加强重要自然生态系统原真性、完整性保护，实现国家所有、全民共享、世代传承的目标，十分必要也十分迫切。

三是基于自然资源资产所有权的改革。明确国家公园必须由国家批准设立并主导管理，并强调国家所有，这就要求国家公园以全民所有的土地为主体。在制定国家公园准入条件时，也特别强调确保全民所有的自然资源资产占主体地位，这才能保证下一步管理体制调整的可行性。原则上，国家公园由中央政府直接行使所有权，由省级政府代理行使的，待条件成熟时，也要逐步过渡到由中央政府直接行使。

四是落实国土空间开发保护制度的改革。党的十八届三中全会《中共中央关于全面深化改革若干重大问题的决定》中关于建立国家公园体制的完整表述是"坚定不移实施主体功能区制度，建立国土空间开发保护制度，严格按照主体功能区定位推动发展，建立国家公园体制"。建立国家公园体制并非在已有的自然保护地体系上叠床架屋，而是要以国家公园为主体、为代表、为龙头去推动保护地体系改革，从而建立完善的国土空间开发保护制度，推动主体功能区定位落地实施，使得禁止开发区域能够真正做到禁止大规模工业化、城镇化开发建设，还自然以宁静、和谐、美丽，为建设富强、民主、文明、和谐、美丽的现代化强国贡献力量。

2015年以来，国家发展和改革委员会会同相关部门和地方在青海、吉林、黑龙江、四川、陕西、甘肃等地开展三江源、东北虎豹、大熊猫、祁连山等10个国家公园体制试点，在突出生态保护、统一规范管理、明晰资源权属、创新经营管理、促进社区发展等方面取得了一定经验。同时，我们也要看到，建立统一、规范、高效的中国特色国家公园体制绝不是敲锣打鼓就可以实现的，不可能一蹴而就，必须通过不断深化研究、总结试点经验来逐步优化完善，在统一规范管理、建立财政保障、明确产权归属、完善法律制度等管理体制上取得实质性突破，在标准规范、规划管理、特许经营、社区发展、人才保障、公众参与、监督管理、交流合作等运行机制上进行大胆创新，把中国国家公园体制的"四梁八柱"建立起来，补齐制度"短板"。

为此，国家发展和改革委员会会同保尔森基金会和河仁慈善基金会组织清华大学、北京大学、中国人民大学、武汉大学等著名高校以及中国科学院、中国国土资源经济研究院等科研院所的一批知名专家，针对国家公园治理体系、国家公园立法、国家公园自然资源管理体制、国家公园规划、国家公园空间布局、国家公园生态系统和自然文化遗产保护、国家公园事权划分和资金机制、国家公园特许经营以及自然保护管理体制改革方向和路径等课题开展了认真研究。在担任建立国家公园体制试点专家组组长的时候，我认识了其中很多的学者，他们在国家公园相关领域渊博的学识，特别是对自然生态保护的热爱以及对我国生态文明建设的责任感，让我十分钦佩和感动。

此次组织出版的系列丛书也正是上述课题研究的重要成果。这些研究成果，为我们制定总体方案、推进国家公园体制改革提供了重要支撑。当然，这些研究成果的作用还远未充分发挥，有待进一步实现政策转化。

我衷心祝愿在上述成果的支撑和引导下，我国国家公园体制改革将会拥有更加美好的未来，也衷心希望我们所有人秉持对自然和历史的敬畏，合力推进国家公园体制建设，保护和利用好大自然留给我们的宝贵遗产，并完好无损地留给我们的子孙后代！

朱之鑫

原中央财经领导小组办公室主任

国家发展和改革委员会原副主任

序　言

　　经过近半个世纪的快速发展，中国一跃成为全球第二大经济体。但是，这一举世瞩目的成就也付出了高昂的资源和环境代价：野生动植物栖息地破碎化、生物多样性锐减、生态系统服务和功能退化、环境污染严重。经济发展的资源环境约束不断趋紧，制约着中国经济社会的可持续发展。如何有效地保护好中国最具代表性和最重要的生态系统与生物多样性，为中华民族的子孙后代留下这些宝贵的自然遗产成为亟须应对的严峻挑战。引入国际上广为接受并证明行之有效的国家公园理念，改革整合约占中国国土面积 20% 的各类自然保护地，在统一、规范和高效的原则指导下构建以国家公园为主体的自然保护地体系是中共十八届三中全会提出的应对这一挑战的重要决定。

　　国家公园是人类社会保护珍贵的自然和文化遗产的智慧方式之一。自 1872 年全球第一个国家公园在壮美蛮荒的美国黄石地区建立以来，在面临平衡资源保护与可持续利用的百般考验和千般淬炼中，国家公园脱颖而出，成为全球最具知名度、影响力和吸引力的自然保护地模式。据不完全统计，五大洲现有国家公园 10000 多处，构成了全球自然保护地体系最具生命力的一道亮丽风景线，是地球母亲亿万年的杰作——丰富的生物多样性和生态系统以及壮美的地质和天文景观——的庇护所和展示窗口。

　　因为较好地平衡了保护和利用的关系，国家公园巧妙地实现了自然和文化遗产的代际传承。经过一个多世纪的洗礼，国家公园的理念不断演变，内涵日渐丰富，从早期专注自然生态保护到后期兼顾自然与文化遗产保护，到现在演变成兼具资源保护和为人类提供体验自然和陶冶身心等多重功能。同时，国家公园还成为激发爱国热情、培养民族自豪感的最佳场所。国家公园理念在各国的资源保护与管理实践中得以不断扩展、凝练和升华。

　　中国国家公园体制建设既需要与国际接轨，又应符合中国国情。2015 年，在国家公园体制建设工作启动伊始，保尔森基金会与国家发展和改革委员会就国家公园体制建设签订了合作框架协议，旨在通过中美双方合作开展各类研究与交流活动，科学、有序、高效地推进中国的国家公园体制建设，提升和完善中国的自然保护地体系，实现自然生态系统和文化遗产的有效保护和合理利用。在过去约 3 年的时间里，在河仁慈善基金会的慷慨资助下，双方共同委托国内外知名专家和研究团队，就中国国家公园体制建设顶层设计涉及的十几个重要领域开展了系统、深入的研究，包括国际案例、建设指南、空间规划、治理体系、立法、规划编制、自然资源管理体制、财政事权划分与资金机制、特许经营机制、自然保护管理体制改革方向和路径研究等，为中国国家公园体制建设奠定了良好的基础。

来自美国环球公园协会、国务院发展研究中心、清华大学、北京大学、同济大学、中国科学院生态环境研究中心、西南大学等 14 家研究机构和单位的百余名学者和研究人员完成了 16 个研究项目。现将这些研究报告集结成书，以飨众多关心和关注中国国家公园体制建设的读者，并希望对中国国家公园体制建设的各级决策者、基层实践者和其他参与者有所帮助。

作为世界上最大的两个经济体，中美两国共同肩负着保护人类家园——地球的神圣使命。美国在过去 140 年里积累的经验和教训可以为中国国家公园体制建设提供借鉴。我们衷心希望中美在国家公园建设和管理方面的交流与合作有助于增进两国政府间的互信和人民之间的友谊。

借此机会，我们对所有合作伙伴和参与研究项目的专家们致以诚挚的感谢！特别要感谢国家发展和改革委员会原副主任朱之鑫先生和保尔森基金会主席保尔森先生对合作项目的大力支持和指导，感谢河仁慈善基金会曹德旺先生的慷慨资助和曹德淦理事长对项目的悉心指导。我们期待着继续携手中美合作伙伴为中国的国家公园体制建设添砖加瓦，使国家公园成为展示美丽中国的最佳窗口。

彭福伟　　　　　　　　　　　　牛红卫

国家发展和改革委员会　　　　　　保尔森基金会

社会发展司副司长　　　　　　　　环保总监

前　言

我国国土辽阔，海域宽广，自然条件复杂多样，形成了生态特征各异的生态地理区，孕育了复杂多样的生态系统类型和自然景观，保育了丰富的植物、动物和微生物物种及繁复多彩的生态组合，不仅在保障国家生态安全中发挥了关键作用，还是全人类珍贵的自然遗产。保护自然遗产不仅是当前经济社会发展的迫切需要，也是我们的历史使命。

自 1956 年建立第一个自然保护区以来，我国建立了以自然保护区、森林公园、湿地公园、海洋公园、风景名胜区、农业种质资源原位保护区、饮用水水源保护区等构成的自然保护地体系。虽然我国现有自然保护地类型多、数量大、分布广，但是仍存在许多问题，一是缺乏自然保护地总体发展战略与规划，各部门根据自身的职能建设了不同类型的保护地，保护地类型多样，但各类保护地的功能定位交叉；二是单个自然保护地面积小，保护地破碎化、孤岛化现象严重；三是不同类型的自然保护地空间重叠，包括同一区域保护地完全重叠、同一区域内保护地嵌套包含，保护地"一地多牌"等现象普遍，导致多头管理、定位矛盾、管理目标模糊；四是自然保护地分属林业、农业、住建、环保、水利、海洋等部门管理，缺乏部门与保护地之间的协调机制，导致保护地管理混乱，权责不清；五是土地权属法定确权不清晰，土地权属与权益不对等，自然保护地集体土地所属社区居民的权益得不到保障，保护与开发利用的矛盾突出，难以实施有效的管理。这些问题制约着保护地成效的发挥，自然遗产面临破坏和退化的威胁，不能满足保障国家生态安全的需求，也不能满足人们日益增长的对优质生态产品和美好生态环境的需求。通过国家公园体系的建设，理顺我国自然保护地体系和管理体制，解决我国目前自然保护地空间破碎化、管理碎片化、保护成效不高的问题，为子孙后代保存完整的自然遗产。

国家公园是指为保护具有国家代表性的自然生态系统、自然景观和珍稀濒危动植物生境原真性、完整性而划定的予以严格保护与管理的区域，目的是给子孙后代留下珍贵的自然遗产，并为人们提供亲近自然、认识自然的场所。国家公园具有四个方面的特点：

一是国家公园是我国自然保护地主要类型之一，是国家自然保护地体系的主体；二是国家公园保护我国最具代表性的生态系统、自然景观，以及珍稀动植物物种栖息地；三是国家公园能有效保护生态系统结构、过程与功能的完整性；四是国家公园具有全民公益性，是国民亲近自然与认识自然的重要场所，在保护优先的前提下，可开展生态教育和生态旅游。国家公园在国家自然保护体系中的主体地位主要体现在保护国家最具代表性的、最珍贵和最有生态价值的自然生态系统与自然景观。

受国家发展和改革委员会社会发展司的委托，在保尔森基金会及河仁慈善基金会的资助下，开展"中国国家公园总体空间布局研究"。项目目标和内容主要包括如下几个方面：系统分析我国现有保护地体系与问题，构建新的自然保护地管理分类体系；梳理国际上国家公园规划方法与经验；评估我国生态地理区典型生态系统类型、国家代表性的自然景观、重点保护珍稀濒危物种和生态系统服务功能重要区域的空间分布特征；明确国家公园在自然保护与国家生态安全屏障中的定位与功能，提出国家公园总体空间布局规划准则与方法；提出中国国家公园的总体空间布局与候选名单。本项目由中国科学院生态环境研究中心、北京林业大学、世界自然保护联盟中国代表处、国家海洋局第一海洋研究所等单位共同完成。本书是"中国国家公园总体空间布局研究"项目主要内容的总结。参加本项目的科研人员有中国科学院生态环境研究中心欧阳志云、徐卫华、杜傲、张路、肖燚、郑华、肖洋、史雪威、张晶晶；北京林业大学雷光春、吕偲、魏钰、马童慧；世界自然保护联盟中国代表处朱春全、张琰、金文佳；国家海洋局第一海洋研究所陈尚、郝林华、夏涛等。

本研究是在国家发展和改革委员会社会发展司具体指导下开展的，得到保尔森基金会和河仁慈善基金会的资助，在研究中多次召开专家研讨会，得到中国科学院科技战略研究院、中国科学院地理科学与资源研究所、中国科学院动物研究所、国务院发展研究中心、中共中央党校、北京大学、北京师范大学、北京林业大学、云南大学、东北林业大学、四川大学、国家林业局调查规划设计院、中国林业科学院、国家林业局昆明勘查设计院、世界自然基金会（WWF）中国办事处等单位专家的支持，为完善国家公园的定位、空间布局规划的思路与准则，以及国家公园候选区域名单提供了宝贵的建议。在出版之际，向国家发展和改革委员会社会发展司、保尔森基金会和河仁慈善基金会，以及各位领导和专家的指导、支持和帮助表示衷心的感谢。

目　录

第1章 国家公园总体空间布局研究背景与目标

1.1 国家公园建设背景

中共十八届三中全会通过的《中共中央关于全面深化改革若干重大问题的决定》明确提出，"划定生态保护红线。坚定不移实施主体功能区制度，建立国土空间开发保护制度，严格按照主体功能区定位推动发展，建立国家公园体制"。该文件明确了建立国家公园体制的要求，并将之列为全面深化改革的优先工作领域之一。《加快生态文明制度建设的指导意见》和《生态文明建设体制改革总体方案》，以及中共十八届五中全会进一步明确了关于国家公园体制建设的要求。按照国务院统一部署，国家发展和改革委员会联合13个部委在全国12个省（市）开展国家公园体制建设试点。

国家推行国家公园体制建设，就是为了解决我国自然保护地长期以来面临的交叉重叠、碎片化规划和管理等问题。尽管目前正在12个省（市）10个地区开展国家公园体制试点工作，但从自然保护地体系整体发展来看，仍然有一些问题亟待解决，包括如何科学分类中国的自然保护地、国家公园与其他类型自然保护地的关系、国家公园的特征和划分标准、国家公园建设的总体空间布局等。

1956年，我国建立第一个自然保护区——广东肇庆鼎湖山自然保护区，之后一直积极地推进保护地建设。目前，我国拥有自然保护区、风景名胜区、森林公园、地质公园、湿地公园、水利风景区、水产种质资源保护区、海洋特别保护区等多种类型自然保护地12000多处，保护面积从最初的11.33平方千米增至201.78万平方千米，其中，陆域不同类型自然保护地面积约200.57万平方千米，覆盖陆域国土面积的20%[①]；海域自然保

---

① 保护地数据含空间重叠的保护地。

护地面积约 1.21 万平方千米，覆盖海域面积的 0.26%，对保护我国的生态系统与自然资源发挥了重要作用。然而，我国自然保护地体系也存在诸多问题：一是缺乏自然保护地总体发展战略与规划，各部门根据自身的职能建设了不同类型的自然保护地，保护地类型多样，但各类保护地的功能定位交叉；二是单个自然保护地面积小，保护地破碎化、孤岛化现象严重，未形成合理完整的空间网络，影响保护效果；三是不同类型的自然保护地空间重叠，包括同一区域保护地完全重叠、同一区域内保护地嵌套包含，保护地"一地多牌"等现象普遍，导致多头管理、定位矛盾、管理目标模糊；四是自然保护地分属林业、农业、住建、环保、水利、海洋等部门管理，缺乏部门与保护地之间的协调机制，导致保护地管理混乱，权责不清；五是土地权属法定确权不清晰，土地权属与权益不对等，自然保护地集体土地所属社区居民的权益得不到保障，保护与开发利用的矛盾突出，难以实施有效的管理。利用国家公园建设的契机，重新构建我国自然保护地体系，明确各类保护地的功能定位，整合破碎化和孤岛化的保护地，加强对具有国家代表性的生态系统、珍稀濒危动植物集中分布区和自然景观的保护，为子孙后代留下重要的自然遗产具有重要意义。

国家公园的实践始于 19 世纪，1872 年美国建立世界上第一个国家公园——黄石国家公园，之后世界各国陆续建立国家公园，在保护自然生态系统和自然资源方面发挥着重要作用。目前，已有 200 多个国家和地区建立了近万个国家公园，其中，美国、加拿大、新西兰、南非等国家在保护地体系和国家公园建设方面较为典型。美国保护地分为 4 大体系，国家公园体系（广义国家公园）为其中之一，有 409 处，占国土面积的 3.65%，其中以自然保护为主的国家公园（狭义国家公园）有 59 处；新西兰保护地类型多样，主要保护地约 12 类，国家公园始建于 1887 年，共 13 处，约占国土面积的 10%；南非保护地有 12 类，其中国家公园始建于 1926 年，共 21 处，占国土面积的 3.3%；德国保护地体系由国家自然景观、保护区、欧盟保护地体系 3 大类 11 小类构成，其中国家公园始建于 1970 年，共 16 处，占国土面积的 0.6%；俄罗斯自然保护地有 6 类，其中国家公园始建于 1983 年，共 48 处，占国土面积的 6.4%。

1.2　国家公园总体空间布局研究目标、任务与方法

本书以全国自然保护地分类体系和国家公园空间布局为重点，提出符合中国国情和管理需求的新的自然保护地分类体系，明确我国国家公园空间布局规划的总体原则、框

架，确定国家公园选点的优先区域，提出国家公园的候选名单，为国家公园体制建设提供科学基础。

1.2.1　目标与任务

本书的总体目标是根据中国国家公园体制建设的要求，明确国家公园的定位，提出中国国家公园建设的总体空间布局方案。具体目标与任务包括以下六个方面。

1. 提出构建新的自然保护地管理分类体系的建议

在系统梳理中国自然保护地体系现状的基础上，解读世界自然保护联盟（IUCN）自然保护地管理分类体系，借鉴美国、加拿大、巴西、法国等不同国家的保护地管理分类的经验，提出中国新的自然保护地管理分类体系的建议。

2. 建设中国现有自然保护地数据库

收集自然保护区、风景名胜区、森林公园、地质公园、世界自然遗产地、湿地公园、水利风景区、海洋特别保护区、海洋公园、水产种质资源保护区等不同类型保护地的信息，建立中国现有自然保护地数据库，明确自然保护地的名称、类型、所属管理部门、级别、建立时间、面积、位置等关键信息，分析其功能定位和空间分布特征，为国家公园的空间布局提供数据支撑。

3. 明确国家公园在国家生态安全与自然保护中的定位与功能，提出国家公园规划的准则与方法

根据其他国家在国家公园建设方面的经验，结合中国的实际情况，分析国家公园在保护生态系统、生物多样性与自然景观中的作用，以及在提供水源涵养、土壤保持、防风固沙、洪水调蓄等生态功能方面的意义，明确国家公园在自然保护地体系中的定位与功能，提出中国国家公园空间布局规划的原则、流程、指标与方法。

4. 划分面向国家公园空间布局的生态地理区，分析中国生态系统、重点保护物种、自然景观与生态系统服务重要区域的空间分布特征

以中国自然区划与中国植被区划为基础，根据中国生态系统类型与分布特征，面向国家公园空间布局，将全国进行生态地理分区，并进一步开展国家代表性生态系统、重点保护动植物物种与自然景观空间分布特征评估。

（1）生态系统分布评估。分析中国森林、灌丛、草地、湿地、冰川、海洋等主要的自然生态系统类型与空间分布格局，明确中国代表性生态系统及主要分布区域。

（2）重点保护物种分布格局评估。以国家重点保护陆生哺乳、鸟类、爬行、两栖、鱼类、高等植物与海洋生物等动植物物种为基础，评估我国物种分布格局与重点保护物种集中分布区，明确物种多样性保护关键区。

（3）重要自然景观分布评估。明确中国主要山岳、河流、海岸与海岛、地质断面、火山遗迹、古生物化石等典型自然遗迹，以及与自然共生的历史文化景观，明确具有国家代表性的地文景观、水文景观、生物景观、天象景观类型与空间分布。

（4）生态系统服务重要区域。评估支撑国家生态安全的主要生态系统调节功能的空间格局，如水源涵养、土壤保持、防风固沙、洪水调蓄等，明确保障国家安全的重要区域。

5. 提出中国国家公园空间布局的总体原则、框架与候选区域

以中国生态地理区划为基础，识别出国家公园候选区域。进一步根据中国生态系统类型、重点保护物种与自然景观的国家代表意义、原真性和完整性，综合考虑生态区位重要性、历史文化价值、可行性与对人类活动的抗干扰性，提出国家公园候选名单并进行排序。

6. 介绍候选国家公园基本情况

对每个候选国家公园的地理位置、自然环境特征、主要保护目标、生态区位、历史文化特征等进行简要介绍，并列出各候选国家公园拟整合的区域范围内的主要现有自然保护地。

1.2.2　技术路线与研究方法

本书在广泛收集与整理全国生态系统、生物多样性与自然景观的资料与数据的基础上，建立全国自然保护地数据库，借鉴国家公园建设与规划国际经验，研究全国自然保护体系分类与国家公园的定位，系统分析与评估生态系统、重点保护物种与自然景观空间格局，构建国家公园空间布局与评估准则与方法，并对相关区域进行评估，提出国家公园候选名单。总体技术路线如图 1-1 所示。

针对研究目标与任务，本书采用的研究方法主要包括：资料收集与整理、国家与地方部门访谈、专家咨询、空间分析与模型模拟等。

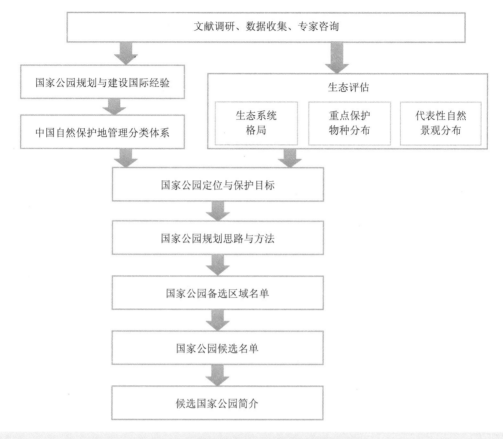

图 1-1　国家公园空间布局规划技术路线

（1）资料收集与整理。主要收集自然保护地分类体系与管理方面的文献、技术导则、国际案例、管理规章制度，以及自然保护地数量、空间分布等基础信息的图件与资料。

（2）国家与地方部门访谈。面向相关政府部门、各保护地主管机构和当地社区等利益相关者开展调查和访谈，获取自然保护地分类、管理与发展规划等信息和资料。

（3）专家咨询。在研究方案论证、初步成果形成等不同阶段，召集自然保护地、国家公园、生物多样性与生态系统服务等相关领域的国内外专家，开展咨询与研讨，补充和完善研究方案，凝练研究成果。

（4）空间分析与模型模拟。运用地理信息系统（GIS）与模型模拟等空间分析技术，明确自然保护地、典型生态系统、重点保护物种、自然遗迹与景观、主要生态系统服务功能等的空间分布特征与格局，根据国家公园在中国保护地体系中的功能定位，明确国家公园的空间布局和候选名单。

第 2 章　自然保护地分类体系和国家公园规划
国际经验

自美国 1872 年建立第一个国家公园以来，国家公园已成为许多国家保护自然遗产的主要形式。经过 100 多年的发展和实践，全球已积累了许多可借鉴的成功经验。本章通过调研、梳理 IUCN 及典型国家的自然保护地分类体系和国家公园的定位，为我国国家公园的空间布局规划提供参考。

2.1　国外自然保护地分类体系

为了保护自然与生物多样性，世界上几乎所有国家都建有自然保护地体系，每个国家的自然保护地体系建设均与本国政治体制和自然保护发展的历史过程密切相关。本节重点介绍与分析 IUCN 的自然保护地管理分类体系和美国、加拿大、澳大利亚等发达国家的自然保护地体系，以及南非、巴西、菲律宾、津巴布韦等发展中国家的自然保护地体系特点及国家公园空间规划经验，以期为完善我国的自然保护地体系提供借鉴。

2.1.1　IUCN 自然保护地管理分类体系

长期以来，自然保护地分类体系是管理部门用来判断某一自然保护地建设目标和规划的依据。建立系统、科学的自然保护地体系，是自然保护地规划与建设的重要基础。

IUCN 自然保护地管理分类标准是对各种自然保护地进行管理分类的全球框架。经过 50 多年的努力，IUCN 对全球各种类型的自然保护地进行了系统的研究和分析，提出了六大类的自然保护地管理分类体系，于 1994 年出版了《IUCN 自然保护地管理分类应用指南》，并于 2008 年和 2013 年先后两次修订再版。目前《IUCN 自然保护地管理分类应用指南》已经成为国际上自然保护地管理分类的重要参考，被《生物多样性公约》、联合国机构、许多国际组织和国家政府广泛应用或参考。自 1994 年以来，全球越来越多的国家在自然保护地立法时参考使用了 IUCN 的自然保护地管理分类体系，如澳大利亚、巴西、保加利亚、柬埔寨、古巴、格鲁吉亚、匈牙利、科威特、墨西哥、尼日利亚、斯洛文尼亚、乌拉圭和越南等。有些国家，如奥地利，甚至明确将 IUCN 自然保护地管理分类体系与其保护地政策相挂钩。

IUCN 自然保护地管理分类体系见表 2-1，国家公园与其他保护地类型的区别见表 2-2。

表 2-1　IUCN 自然保护地管理分类标准、特征、管理目标与面积大小

类型	名称	描述	特征	管理目标	大小
第Ⅰa类	严格的自然保护地	是指严格保护的原始自然区域。首要目标是保护具有区域、国家或全球重要意义的生态系统、物种（一个或多个物种）和/或地质遗迹多样性。处于原始自然状态、拥有基本完整的本地物种群落和具有生态意义的种群密度，具有原始的极少受到人为干扰的完整生态系统和原始的生态过程，通常没有人类定居。需要采取最严格的保护措施限制人类活动和资源利用，以确保其保护价值不受影响。在科学研究和监测中发挥着不可替代的本底参考价值	一个地区或海域，拥有具代表性的生态系统/地质或生理特点与/或物种，可用作科学研究或环境监测	科学研究	通常较小。严格自然保护地通常位于人烟稀少的地区。如果有大面积的Ⅰa地区存在，也很可能是例外
第Ⅰb类	荒野保护地	是指严格保护的大部分保留原貌；或仅有些微小变动的自然区域。首要目标是保护其长期的生态完整性。特征是面积很大、没有现代化基础设施、开发和工业开采等活动，保持高度的完整性，包括保留生态系统的大部分原始状态、完整或几乎完整的自然植物和动物群落、保存了其自然特征，未受人类活动的明显影响，有些只有原住民和本地社区居民。需要严格保护和管理，保护大面积未受人为影响区域的自然原貌，维持生态过程不受开发或者大众旅游的影响	一大片未被改动或只被轻微改动的陆地与/或海洋，仍保留着其天然特点及影响力，没有永久性或重大的人类居所，受保护或管理以保存其天然状态	野生环境的保护	通常较大。提供足够的空间去体验荒野和大尺度的自然生态系统

类型	名称	描述	特征	管理目标	大小
第Ⅱ类	国家公园	是指保护大面积的自然或接近自然的生态系统，首要目标是保护大尺度的生态过程，以及相关的物种和生态系统特性。典型特征是面积大并且保护功能良好的自然生态系统，具有独特的、拥有国家象征意义和民族自豪感的生物和环境特征或者壮美自然美景和文化特征。始终把自然保护放在首位，在严格保护的前提下有限制地利用，允许在限定的区域内开展科学研究、环境教育和旅游参观。保护在较小面积的自然保护地或文化景观内无法实现的大尺度生态过程，以及需要较大活动范围的特定物种或群落。同时，这些自然保护地具有很强的公益性，为公众提供了环境和文化兼容的精神享受、科研、教育、娱乐和参观的机会	一个天然陆地与/或海洋区域，指定为：保护该区的一个或多个生态系统于现今及未来的生态完整性；禁止该区的开发或有害的侵占；提供一个可与环境及文化相容的精神、科学、教育、休闲、访问基础	生态系统的保护和游憩的需求	通常较大。生态系统过程的保护使得该地区需要包括足够大的面积，以覆盖全部或大多数生态过程
第Ⅲ类	自然文化遗迹或地貌	是指保护特别的自然文化遗迹的区域，可能是地形地貌、海山、海底洞穴，也可能是洞穴甚至是依然存活的古老小树林等地质形态。这些区域一般面积较小，但通常具有较高的观赏价值。首要目标是保护特别杰出的自然特征和相关的生物多样性及栖息地。主要关注点是一个或多个独特的自然特征以及相关的生态，而不是更广泛的生态系统。在严格保护这些自然文化遗迹的前提下可以开展科研、教育和旅游参观。其作用是通过保护这些自然文化遗迹实现在已经开发或破碎的景观中自然栖息地的保护和开展环境文化教育	一个地区拥有一个或多个独特天然或文化特点，而其特点是出众，或因其稀有性、代表性、美观质素或文化重要性而显得独有	特殊自然特性的保护	通常较小。有些自然遗迹会被包括在具有其他保护价值的大型自然保护地中
第Ⅳ类	栖息地/物种管理区	是指保护特殊物种或栖息地的自然保护地。首要目标是维持、保护和恢复物种种群和栖息地。主要特征是保护或恢复全球、国家或当地重要的植物和动物种类及其栖息地。其自然程度比严格的自然保护地、荒野保护地、国家公园和自然文化遗迹或地貌要相对较低。此类自然保护地面积大小各异，但通常都比较小。主要作用是保护需要进行特别管理干预才能生存的濒危物种种群、保护稀有或受威胁的栖息地和片段化的栖息地、保护物种停歇地和繁殖地、自然保护地之间的走廊带，以及维护原有栖息地已经消失或者改变，只能依赖文化景观生存的物种。多数情况下需要经常性的、积极的干预，以满足特定物种的需要或维持栖息地	一个地区或海洋，受到积极介入和管理，以维护生境并满足某物种的需求	通过干预管理的方法实现保护的目的	通常较小。如果该自然保护地的建立只为保护个别物种和栖息地，这表明它很可能相对较小

类型	名称	描述	特征	管理目标	大小
第Ⅴ类	陆地景观/海洋景观保护地	是指人类和自然长期相处所产生的特点鲜明的区域，具有重要的生态、生物、文化和风景价值。首要目标是保护和维持重要的陆地景观和海洋景观及其相关的自然保护价值，以及由传统管理方式通过与人互动而产生的其他价值。这是所有自然保护地类型中受人为干扰程度最高、自然程度最低的一种类型。其特征是人和自然长期和谐相处形成的具有高保护价值与独特的陆地和海洋景观价值及文化特征，具有独特或传统的土地利用模式，如可持续农业、可持续林业和人类居住和景观长期和谐共存保持生态平衡的模式。这些自然价值、自然景观价值和文化价值需要持续的人为干预活动才能维持。其作用是作为一个或多个自然保护地的缓冲地带和连通地带，保护受人类开发利用影响而发生变化的物种或栖息地，并且其生存必须依赖这样的人类活动	一个附有海岸及海洋的陆地地区，在区内的人类与自然界长时间的互动，使该区拥有与众不同及重大的美观、生态或文化价值特点，并有高度的生物多样性。守卫该区传统互动的完整性对该区的保护、维持及进化尤其重要	陆地/海洋景观的保护和游憩的需要	通常较大。在一个景观区域里，包括了不同土地利用的镶嵌，使得此类自然保护地通常是一个较大的区域
第Ⅵ类	自然资源可持续利用自然保护地	是指为了保护生态系统和栖息地、文化价值和传统自然资源管理制度的区域。首要目标是保护自然生态系统，实现自然资源的非工业化可持续利用，实现自然保护和自然资源可持续利用的"双赢"。其特征是把自然资源的可持续利用作为实现自然保护目标的手段，并且与其他类型自然保护地通用的保护方法相结合。这些自然保护地通常面积相对较大，大部分区域（2/3 以上）处于自然状态，其中一小部分处于可持续自然资源管理利用之中。景观保护方法特别适合这类自然保护地，特别适用于面积较大的自然区域，如温带森林、沙漠或其他干旱地区、复杂的湿地生态系统、沿海、公海区域以及北方针叶林等，将不同的自然保护地、走廊带和生态网络相互连接	一个地区拥有显著未经改动的自然系统，管制可确保生物多样性长期地受保护，并同时可持续性地出产天然物产及服务，以满足社会的需求	自然生态系统的可持续利用	通常较大。管理的广泛性通常表明此类自然保护地是一个较大的区域

表 2-2　第Ⅱ类自然保护地（国家公园）与其他保护地类型的区别

第Ⅰa类	第Ⅱ类自然保护地的保护程度通常没有第Ⅰa类严格，可以允许游客进入以及相关的基础设施建设。但第Ⅱ类自然保护地中经常也设有核心区，对访客的数量进行严格控制，这与第Ⅰa类的情况类似
第Ⅰb类	游客对第Ⅱ类自然保护地的访问参观与荒野自然保护地不同，通常具有更多的基础设施（步道、小路和住宿场所等），进入的访客数量也相对较大。第Ⅱ类自然保护地也经常设有核心区，对访客的数量进行严格控制，与第Ⅰb类的情况类似
第Ⅲ类	第Ⅲ类自然保护地的管理主要关注某一自然特征，而第Ⅱ类自然保护地则重点关注完整的生态系统的维护
第Ⅳ类	第Ⅱ类自然保护地主要关注维持生态系统尺度层面的生态完整性，而第Ⅳ类自然保护地则关注栖息地及个别物种的保护。在实际中，绝大多数情况下第Ⅳ类自然保护地的面积都不足以保护一个完整的生态系统，因此第Ⅱ类和第Ⅳ类自然保护地的区别主要在于面积的不同：第Ⅳ类自然保护地通常面积较小（独立的泥沼、一小块林地，当然也有一些例外情况），而第Ⅱ类则面积很大，至少能够自我维持
第Ⅴ类	第Ⅱ类自然保护地是重要的自然系统，或者正处在恢复过程的自然系统，而第Ⅴ类自然保护地则指人类与自然长期和谐相处的陆地或海洋区域，即文化然景观（cultural landscapes），目的是保护其现有的状态
第Ⅵ类	第Ⅱ类自然保护地通常不允许自然资源的使用，除非是为了基本生存或者较小的游憩用途

2.1.2　代表性国家自然保护地体系

1. 美国自然保护地体系

美国的自然保护地包括所有受到不同程度保护的地域，保护地的管理部门可以是联邦、州、县级政府机构（表 2-3），还可以是社区和非政府组织（NGO），其中部分保护地作为原野保护地严格管理，部分保护地则可以采用适当的商业模式进行经营。联邦级的自然保护地由美国各联邦机构管理，其中大部分由美国国家公园管理局管理，其他管理部门有美国林务局、土地管理局、美国鱼类和野生动植物管理局等。

根据世界自然保护地数据库（WDPA）的数据，截至 2017 年 9 月，美国共有 34073 个自然保护地（表 2-4）。几乎全部的美国自然保护地都根据 IUCN 管理类型进行了分类。

表2-3　美国自然保护地类型

联邦自然保护地	州立自然保护地	地方自然保护地
1. 国家公园体系 2. 国家森林保护体系 3. 国家景观保护体系 4. 国家海洋保护区体系 5. 国家娱乐区体系 6. 国家河口科研保护区 7. 国家路径体系 8. 国家野生和风景河流体系 9. 国家荒野保护体系 10. 国家野生动物避难所体系 11. 人与生物圈保护区	美国每个州都有其州立自然保护地体系，其包含城市公园以及能与国家公园规模比肩的大型公园。同时许多州还经营游憩和休闲区	各县、市、乡镇等也管理各种地方自然保护地，部分只是野餐区域或游乐场，也有部分是包含城市公园在内的自然保护地

资料来源：Rachel Carley（2001）。

表2-4　WDPA 美国自然保护地的 IUCN 分类及数量

IUCN 自然保护地管理分类	自然保护地数量/个	数量占比/%
Ⅰa 严格的自然保护地	607	1.78
Ⅰb 荒野保护地	1325	3.89
Ⅱ 国家公园	41	0.12
Ⅲ 自然文化遗迹或地貌	1804	5.29
Ⅳ 栖息地/物种管理区	755	2.22
Ⅴ 陆地景观/海洋景观保护地	28414	83.39
Ⅵ 自然资源可持续利用自然保护地	418	1.23
N.A. 无信息	709	2.08
合计	34073	100.00

2. 英国自然保护地体系

　　自然保护和景观保护在英国可以追溯到数百年前。而 1949 年颁布的适用于英格兰、威尔士和部分苏格兰的《国家公园和乡村访问法》，开启了英国建立法律体系促进自然保护的进程。自然保护与景观保护和利用区分，国家治理权力下放到英国四个组成部分（英格兰、威尔士、苏格兰和北爱尔兰）。

　　在英国，自然保护地是指对国家自然、历史或文化具有价值而需要受到保护的地区。

保护的方法和目的取决于该资源的性质和重要性，而实际保护工作在国家、郡和地方各级开展。英国的自然保护地既包括获得英国法律和国际公约认可的保护地，也包括不受政策和规划约束而建立的保护地。

英国既有全英统一的自然保护地，也有英格兰、威尔士、苏格兰和北爱尔兰各自建立的种类不多且管理方式各异的自然保护地（表 2-5）。自然保护地可以根据其保护对象的类型来划分其价值类型，主要包括：景观价值、生物多样性价值（物种和栖息地）、地质学价值（与地质学和地貌学有关）和文化或历史价值。

表 2-5　英国自然保护地类型

政府类自然保护地		公益类自然保护地	欧盟自然保护地	国际自然保护地
全国统一	地方特殊			
• 森林公园 • 国家自然保护区 • 地方自然保护区 • 海洋自然保护区 • 海洋保护区 • 海洋协商区	• 海岸遗址（英格兰和威尔士） • 自然美景区（英格兰、威尔士和北爱尔兰） • 国家公园（英格兰、威尔士和苏格兰） • 国家风景区（苏格兰） • 地区公园（苏格兰） • 特殊科研区（北爱尔兰） • 特殊科研地点（英格兰、威尔士和苏格兰）	• 地方野生动植物场所（全英） • NGO 保护区（全英） • 私营或自发保护区（全英）	• 特殊保育区（全英） • 特别保护区（全英）	• 国际重要湿地（全英） • 地质公园（全英） • 生物圈保护区（全英） • 世界遗产（全英）

资料来源：Roger Crofts 等（2014）。

根据 WDPA 的数据，截至 2017 年 9 月，英国共有 11551 个自然保护地（表 2-6）。大部分的英国自然保护地都根据 IUCN 管理类型进行了分类。

表 2-6　WDPA 英国自然保护地 IUCN 分类及数量

IUCN 自然保护地管理类型	自然保护地数量/个	数量占比/%
Ⅰa 严格的自然保护地	17	0.15
Ⅰb 荒野保护地	0	0.00
Ⅱ 国家公园	24	0.21
Ⅲ 自然文化遗迹或地貌	346	3.00
Ⅳ 栖息地/物种管理区	8851	76.63
Ⅴ 陆地景观/海洋景观保护地	692	5.99

IUCN 自然保护地管理类型	自然保护地数量/个	数量占比/%
Ⅵ 自然资源可持续利用自然保护地	1	0.01
N.A. 无信息	1620	14.02
合计	11551	100.00

3. 加拿大自然保护地体系

加拿大的自然保护地包括联邦和省两级。其中，联邦自然保护地包括 46 个国家公园和国家公园保护区，合计约 3600 万公顷；54 个国家野生动物保护区，约 50 万公顷；92 个迁徙鸟类保护区（包括分布广泛的湿地），合计约 1200 万公顷。如果考虑省级自然保护地，则加拿大有 9830 万公顷的陆地面积（国土面积的 9.9%）为自然保护地所覆盖。

加拿大主要自然保护地类型见表 2-7。

表 2-7　加拿大主要自然保护地类型

加拿大主要自然保护地类型	管理部门
国家野生动物保护区	加拿大环境部
国家公园	加拿大国家公园管理局
国家海洋保护区	
迁徙鸟类避难所	加拿大环境部
海洋法案海洋保护区	加拿大海洋渔业局
人与生物圈保护区	多部门
国际重要湿地	
重要鸟类区域	

资料来源：Jamie Benidickson（2009）。

根据 WDPA 的数据，截至 2017 年 9 月，加拿大共有 7933 个自然保护地（表 2-8）。几乎全部的自然保护地都根据 IUCN 管理类型进行了分类。加拿大环境部明确认可 IUCN 对于自然保护地的定义和管理分类[①]。

---

① http://www.ec.gc.ca/ap-pa/default.asp？lang=En&n=989C474A-1#_002.

表 2-8　WDPA 加拿大自然保护地的 IUCN 分类及数量

IUCN 自然保护地管理类型	自然保护地数量/个	数量占比/%
Ⅰa 严格的自然保护地	529	6.67
Ⅰb 荒野保护地	295	3.72
Ⅱ 国家公园	1888	23.80
Ⅲ 自然文化遗迹或地貌	604	7.61
Ⅳ 栖息地/物种管理区	3013	37.98
Ⅴ 陆地景观/海洋景观保护地	142	1.79
Ⅵ 自然资源可持续利用自然保护地	1193	15.04
N.A. 无信息	269	3.39
合计	7933	100.00

4. 法国自然保护地体系

根据自然保护地建设的依据和目的，法国本土[①]的自然保护地体系可以分为六级：

（1）国际层面：法国是很多国际公约的缔约国，致力于保护举世瞩目的自然景观、栖息地和物种等。属于国际公约层面的保护地类型有世界遗产地、国际重要湿地（RAMSAR）保护地、人与生物圈保护区、海洋哺乳动物保护区、区域性海洋公约保护区等。

（2）欧盟层面：欧盟国家为建立和保护重要栖息地、物种资源，构建了跨越领土边界的保护体系。法国参与了其中两个重要的区域协定，分别是由欧盟负责的自然 2000 保护体系，以及由欧洲委员会负责的生物遗传保护区。

（3）国家层面：法国环境部下的法国生物多样性署是建立自然保护地的主导部门，也同时肩负协调、联络相关公立机构或管理协会，以及统筹规范性保护区域及其体系的职责。国家公园、国家自然保护区、国家海洋公园、生物保护区、国家狩猎和野生生物保护区，具有历史、传统、美学和科研价值的一系列分类区/注册区，以及由海岸线和湖岸保护机构管理的海岸线和湖岸保护区都属于这一层面。

（4）地区层面：地区政府部门负责若干规范或协议管理的保护地。地方政府部门可以与当地利益相关方合作，在这类保护地实施有效的自然保护政策，如建立地区生物多样性保护战略以及地区生态一致性计划等。这一类型的保护地包括地区自然公园、地区

---

① 法国海外省份根据自身特征与当地情况，有独立的自然保护地管理和分类标准。

（含科西嘉）级自然保护区，以及由自然保育社团管理的相关地区。

（5）机构层面：在机构层面管理的自然保护地有两类，一类是由理事会负责的敏感自然地区，另一类是由代表中央政府的区域长官签署认定的群落生境或地质生境地区。

（6）城市层面：法国的城市以及城市间组织对于其管辖范围的自然区域具有管理权限。这一类型的保护地包括受保护的林地，以及在地方土地利用计划中的自然和森林区域。

法国自然保护地类型见表 2-9。

表 2-9　法国自然保护地类型

层级	保护地分类	数量/个	对应的 IUCN 分类	管理部门
国际层面*	自然/世界遗产地	4**	不定	政府部门、公立机构、地方政府、NGO
	国际重要湿地	42		地方政府、NGO、海岸线和湖岸保护机构
	人与生物圈保护区	11		公立机构、地方政府、NGO
	海洋哺乳动物保护区	2		国际机构、政府
	区域性海洋公约保护区	5		政府、公立机构、地方政府、NGO
欧盟层面	生物遗传保护区	35	不定	—
	自然 2000	1753		地方政府、公立机构、NGO、政府
合计		1852		

层级	保护地分类	数量/个	占比/%	对应的 IUCN 分类	管理部门
国家	国家公园（荒野地）	10	0	核心区域：Ⅰ、Ⅱ 附属区域：Ⅴ 荒野地：Ⅰa	行政类的公立机构
	国家自然保护区	165	1	Ⅰ、Ⅲ、Ⅳ	NGO、公立机构、地方政府、其他感兴趣的个人、企业或基金会
	国家海洋公园	5	0	Ⅴ	公立机构
	生物保护区	233	2	不定	公立机构
	国家狩猎和野生生物保护区	9	0	不定	公立机构、NGO
	分类区/注册区	7000	49	不定	地方政府、商业机构
	海岸线和湖岸保护区	667	5	Ⅳ、Ⅴ	地方政府、公立机构、NGO

层级	保护地分类	数量/个	占比/%	对应的IUCN分类	管理部门
地区	地区自然公园	48	0	V	地区政府（或共同管理委员会）
	地区（含科西嘉）级自然保护区	119/6	1	IV、III	NGO、公立机构、地方政府、个人、企业或基金会
	由自然保育社团管理的地区	2374	16	IV、V	NGO
机构	敏感自然地区	3050	21	V	地方政府
	群落生境或地质生境地区	715	5	IV	—
合计		14401			

* 国际层面的各类保护地会与其他层级的保护地略有重叠。

** 其中包括一个混合权属保护地：Pyrénées-Mont Perdu。

资料来源：UNEP-WCMC（2017）。

法国在建设类型众多的自然保护地体系时，并没有直接使用 IUCN 自然保护地分类的名称。然而，根据 WDPA 的相关信息，过半的法国自然保护地开展了 IUCN 类型分类（表 2-10）。

表 2-10　WDPA 法国自然保护地的 IUCN 分类及数量

IUCN 自然保护地管理类型	自然保护地数量/个	数量占比/%
Ⅰa 严格的自然保护地	48	1.04
Ⅰb 荒野保护地	0	0.00
Ⅱ 国家公园	6	0.13
Ⅲ 自然文化遗迹或地貌	13	0.28
Ⅳ 栖息地/物种管理区	2628	56.98
Ⅴ 陆地景观/海洋景观保护地	62	1.34
Ⅵ 自然资源可持续利用自然保护地	0	0.00
N.A. 无信息	1855	40.22
合计	4612	100.00

5. 澳大利亚自然保护地体系

澳大利亚自然保护地管理体系主要由联邦政府、州政府、领地政府的主管部门及自然保护地管理机构组成。各级政府部门下设相关部门专司保护地管理和协调事务。除少数自然保护地由非政府组织管理外，绝大多数自然保护地都设有专职管理部门，职责也十分明确。各州和领地政府主管部门通常将本辖区划分为若干个片区，每个片区各有一位经理全权统管该片区的若干自然保护地，从而形成州（领地）—片区—自然保护地的"三级一体"的保护管理制度。澳大利亚共有 61 类 10880 个自然保护地，分属于 6 个州及 2 个领地管辖（表 2-11 和表 2-12）。

表 2-11　澳大利亚自然保护地类型

自然保护地类型	管辖权*
5（1）（g）保护区	WA
5（1）（h）保护区	WA
原住民聚居地	NSW
南极特别管理地	EXT
南极特别保护地	EXT
生物多样性热点区	NT，QLD，SA，WA
植物园（联邦）	ACT，EXT，NSW
CCA 区域 1 国家公园	NSW
CCA 地带 3 国家保育区	NSW
沿海保护地	NT
保育区	NT，TAS
保育盟约	NT，TAS
保育公园	SA，VIC，WA
保育保护区	NT，SA
协调保育区	QLD
植物保护区	NSW
森林保护区	SA
游戏保护区	SA，TAS
遗产协议	SA
遗产河流	VIC
历史遗迹	NSW，TAS
历史保护区	NT
狩猎保护区	NT
本土保护区	NSW，NT，QLD，SA，TAS，VIC，WA
喀斯特保育保护区	NSW
海洋国家公园	VIC
海洋禁捕区	VIC
混合保护区	WA
国家公园	ACT，NSW，NT，QLD，SA，TAS，VIC，WA

自然保护地类型	管辖权*
国家公园（联邦）	EXT，NSW，NT
原生态国家公园	QLD
国家公园—计划4（公园或保护区立法）	VIC
自然集水区	VIC
自然地物保护区	VIC
自然保育保护区	VIC
自然公园	NT
自然休憩区	TAS
自然收容所	QLD
自然保护区	ACT，NSW，TAS，WA
额外自然保护区	NSW，NT，QLD，SA，TAS，VIC，WA
其他	NT，TAS，VIC
永久公园保护区	NSW
私有自然保护区	TAS
私有禁猎区	TAS
提名国家公园、立法公园、其他公园	VIC
休憩公园	SA
参考区	VIC
地区公园	NSW，QLD
地区保护区	SA，TAS
远程和自然区（不在国家公园法案下）	VIC
远程和自然区—计划6（国家公园法案）	VIC
州立保育区	NSW
州立公园	VIC
州立保护区	TAS
荒野公园	VIC
荒野保护区	SA
荒野地带	ACT
荒野地带—计划5（国家公园法案）	VIC
额外保护地	EXT，VIC，QLD，SA，NT，WA

* 新南威尔士（NSW）、昆士兰（QLD）、南澳大利亚（SA）、塔斯马尼亚（TAS）、维多利亚（VIC）、西澳大利亚（WA）、澳大利亚首都领地（ACT）、北领地（NT）、外部（EXT）。

资料来源：澳大利亚环境、水资源、遗产和艺术部. CAPAD 2014（自然保护地数据库）[EB/OL]. http://www.environment.gov.au/land/nrs/science/capad/2014#Terrestrial_protected_area_data。

表 2-12 澳大利亚 IUCN 自然保护地分类

IUCN 自然保护地管理类型	自然保护地数量/个	数量占比/%
Ⅰa 严格的自然保护地	2528	23.24
Ⅰb 荒野保护地	73	0.67
Ⅱ 国家公园	1160	10.66
Ⅲ 自然文化遗迹或地貌	2409	22.14
Ⅳ 栖息地/物种管理区	2867	26.35
Ⅴ 陆地景观/海洋景观保护地	354	3.25
Ⅵ 自然资源可持续利用自然保护地	1394	12.81
N.A. 无信息	95	0.87
合计	10880	100.00

资料来源：世界自然保护地数据库 WDPA www.protectedplanet.net。

6. 巴西自然保护地体系

巴西的国家自然保护地体系对巴西联邦、州及市级自然保护地及其管理模式进行了定义，并将巴西的自然保护地分为了两大类别：第一类为"严格自然保护地"或"间接保护单元"（以保护生物多样性为主）；第二类为"可持续使用自然保护地"或"直接自然保护地"（自然保护为辅，可通过各种形式使用和开发自然资源）。主要类型有国家公园、生物保护区、生态站、野生动物避难所、自然遗迹、国家森林，以及可持续开发保护区、资源利用保护区、环境自然保护地、相关生态效益区等（表 2-13 和表 2-14）。

表 2-13 巴西联邦及州自然保护地类型

联邦自然保护地	数量/个	面积/hm²	州自然保护地	数量/个	面积/hm²	IUCN 分类
严格自然保护地、间接保护单元						
国家公园	54	17493010	公园	180	7697662	Ⅱ
生物保护区	26	3453528	生物保护区	46	217453	Ⅰa
生态站	30	7170601	生态站	136	724127	Ⅰa
野生动物避难所	1	128521	野生动物避难所	3	102543	Ⅲ
自然遗迹	0	0	自然遗迹	2	32192	Ⅲ
小计	111	28245729	小计	367	8773977	

联邦自然保护地	数量/个	面积/hm²	州自然保护地	数量/个	面积/hm²	IUCN 分类
可持续使用自然保护地、直接自然保护地						
国家森林	58	14471924	森林	58	2515950	Ⅵ
可持续开发保护区	0	0	可持续开发保护区	9	8277032	Ⅵ
资源利用保护区	36	8012977	资源利用保护区	28	2880921	Ⅵ
环境自然保护地	29	7666689	环境自然保护地	181	30711192	Ⅴ
相关生态效益区	18	43394	相关生态效益区	19	12612	Ⅳ
小计	141	30194984	小计	295	44397707	

资料来源：Rylands Anthony B 等（2005）。

表 2-14　WDPA 巴西自然保护地的 IUCN 分类及数量

IUCN 自然保护地管理类型	自然保护地数量/个	数量占比/%
Ⅰa 严格的自然保护地	132	6.01
Ⅰb 荒野保护地	1	0.05
Ⅱ 国家公园	255	11.61
Ⅲ 自然文化遗迹或地貌	25	1.14
Ⅳ 栖息地/物种管理区	286	13.02
Ⅴ 陆地景观/海洋景观保护地	199	9.06
Ⅵ 自然资源可持续利用自然保护地	197	8.97
N.A. 无信息	1101	50.14
合计	2196	100.00

7. 菲律宾自然保护地体系

1992 年 6 月 1 日，在联合国里约环境与发展大会前夕，菲律宾总统签署批准了《国家综合自然保护地体系法案》[①]。在此法案中，自然保护地的定义是"具有独特的自然和生物学意义，并通过管理和保护来增强生物多样性并防止人类破坏性开发特定陆地和水域"，并规定自然保护地的类型有如下几种：

（1）严格自然保护区：是指拥有代表性生态系统类型和/或具有国家科学重要性的动植物物种的分布区域，通过保护该区域以实现自然保护和自然状态过程的维持，确保具有代表性生态系统与遗传资源能够得到保存，并满足科学研究、环境监测、

---

① National Integrated Protected Areas System Act 1992，RA No. 7586。

教育等需要。

（2）国家公园：是指面积相对较大且人类活动没有造成改变的区域，且具有国家或国际重要性的自然区域或景区，不允许进行资源开发，可以开展科学研究、教育和休闲活动。

（3）自然遗迹：是指主要保护具有国家重要性、独特自然特征，且面积相对较小的区域。

（4）野生生物保护区：是指永久保存具有国家重要性的物种、种群和生物群落的区域。

（5）受保护的陆地/海洋景观：是指具有国家重要性的区域，其特点是既能体现人与自然和谐，又能为公众提供休闲和旅游的机会。

（6）资源保护区：是指面积较大、相对孤立且无人居住，通常指定为难以进入的区域，用以保护自然资源供未来使用，以及防止或控制可能影响资源开发的活动。

（7）天然生物区域：是指专门留出的区域，居民能够与自然和谐生活，并以其自身节奏适应现代科技。

除上述类别外，《国家综合自然保护地体系法案》允许将"其他通过法律、公约或国际协定确定的自然保护地类别"纳入国家自然保护地综合体系，为根据国际条约建立的跨界自然保护地及遵从其他法律建立的保护地（如海洋保护区）提供了保护空间。

菲律宾保护地类型与 IUCN 保护地管理分类对比见表 2-15。菲律宾自然保护地的 IUCN 分类及数量见表 2-16。

表 2-15　菲律宾自然保护地类型与 IUCN 保护地管理分类对比

IUCN 分类	国家综合自然保护地体系分类	备注
Ⅰa 严格的自然保护地	严格自然保护区	在《国家综合自然保护地体系法案》中限制最多的类型，只允许科研活动
Ⅰb 荒野保护地		包括在国家综合自然保护地体系的严格自然保护区中
Ⅱ 国家公园	国家公园	本质上相同。但菲律宾宪法中"国家公园"指包括所有自然保护地类型的特定公有土地
Ⅲ 自然文化遗迹或地貌	自然遗迹	本质上相同
Ⅳ 栖息地/物种管理区	野生生物保护区	本质上相同

IUCN 分类	国家综合自然保护地体系分类	备注
V 陆地景观/海洋景观保护地	受保护的陆地/海洋景观	《国家综合自然保护地体系法案》更加强调休闲和旅游用途
VI 自然资源可持续利用自然保护地	天然生物区域	《国家综合自然保护地体系法案》更加强调对传统文化的保护

资料来源：Philippines FAO（1992）。

表 2-16　WDPA 菲律宾自然保护地的 IUCN 分类及数量

IUCN 自然保护地管理类型	自然保护地数量/个	数量占比/%
I a 严格的自然保护地	0	0.00
I b 荒野保护地	0	0.00
II 国家公园	37	6.62
III 自然文化遗迹或地貌	8	1.43
IV 栖息地/物种管理区	17	3.04
V 陆地景观/海洋景观保护地	145	25.94
VI 自然资源可持续利用自然保护地	183	32.74
N.A. 无信息	169	30.23
合计	559	100.00

8. 津巴布韦自然保护地体系

津巴布韦共有 14 类，232 个自然保护地，主要包括植物园、狩猎区、植物保护区、禁猎区、国家历史纪念区、国家森林、国家公园、联合国教科文组织生物保护圈、自然保护区、野生动物管理区、禁伐林、世界遗产地、国际重要湿地、游憩公园，均为陆地自然保护地，其总面积占国土总面积的 27%（表 2-17）。

津巴布韦自然保护地的 IUCN 分类及数量见表 2-18。

表 2-17　津巴布韦自然保护地类型与 IUCN 保护地分类

保护地类型	数量	IUCN 保护地分类								未报告
		Ⅰa	Ⅰb	Ⅱ	Ⅲ	Ⅳ	Ⅴ	Ⅵ	N.A.	
野生动物管理区	104									104
国家森林	43		1					3		39
狩猎区	16							16		
植物保护区	14					14				
游憩公园	12						12			
国家公园	11			10	1					
禁猎区	11				5					6
国际重要湿地	7									7
禁伐林	6									6
植物园	3									3
世界遗产地	2								2	
联合国教科文组织生物保护圈	1								1	
自然保护区	1									1
国家历史纪念区	1				1					
总计	232	0	1	10	2	19	12	19	3	166

资料来源：UNEP-WCMC（2017）。

表 2-18　WDPA 津巴布韦自然保护地的 IUCN 分类及数量

IUCN 自然保护地管理类型	自然保护地数量/个	数量占比/%
Ⅰa 严格自然保护地	0	0.00
Ⅰb 荒野保护地	1	0.43
Ⅱ 国家公园	10	4.33
Ⅲ 自然文化遗迹或地貌	2	0.87
Ⅳ 栖息地/物种管理区	19	8.23
Ⅴ 陆地景观/海洋景观保护地	12	5.19
Ⅵ 自然资源可持续利用自然保护地	19	8.23
N.A. 无信息	168	72.73
合计	231	100.00

　　从上述国家自然保护地体系分类来看，每个国家都是根据本国自然资源条件，包括生态系统、物种、自然景观、历史遗迹等，及其管理体制来构建自然保护地类型及体系。

2.2　国外国家公园功能定位及经验

国家公园作为许多国家自然保护地的主要形式，在生态系统、生物多样性和自然景观保护中发挥了重要作用。在国家公园规划与建设中，分析国际组织以及代表性国家的国家公园定位可以为我国的国家公园规划、建设与管理提供宝贵的经验。

2.2.1　IUCN 国家公园定位

按照 IUCN 自然保护地管理分类标准，国家公园是六个自然保护地类型之一。国家公园是指把大面积的自然或接近自然的生态系统保护起来的区域，以保护大范围的生态过程及其包含的物种和生态系统特征，同时提供环境与文化兼容的精神享受、科学研究、自然教育、游憩和参观等机会。

按照 IUCN 的自然保护地管理分类标准，国家公园的基本特征是大面积的完整自然生态系统，同时具有独特的壮美自然风景和杰出的文化价值。在 IUCN 国家公园的定位中，国家公园有如下三方面要求：

一是国家公园应具有独特的、拥有国家象征意义和民族自豪感的生态系统类型或动植物物种及其栖息地、地质遗迹，以及所构成的生物和环境特征与自然景观。同时，具有极高的精神、科研、教育、游憩和旅游价值。

二是国家公园主体应是自然的和接近自然的区域。生态系统的组成、结构和功能在很大程度上应保持"自然"状态，或者具有恢复到"自然"状态的潜力，受到外来物种侵袭的风险较低。

三是国家公园面积大。国家公园面积应足够大，能够保障生态系统正常的生态功能和过程，使当地物种和群落能够永远繁衍生息。为了有效保护生态系统及其功能，还可能需要其周边区域补充并协同管理。

2.2.2　代表性国家的国家公园功能定位和概况

1. 美国国家公园

国家公园这一提法最早出现于美国，由美国艺术家乔治·凯特琳提出。1872 年美国成立了世界上第一个国家公园——黄石国家公园。从第一个国家公园成立至今，美国经历了国家公园运动，形成了国家公园体系。国家公园是由美国国家公园管理局管理的陆地或水域自然保护地类型之一，包括国家公园、纪念地、历史地、风景路、休闲地等 20个类型。美国的国家公园多位于西部，现有 59 个，面积约为 21 万平方千米。国家公园数量上只占由美国国家公园管理局管理的保护地数量的 15%，却占保护地总面积的62%。

美国的国家公园定义可以分为狭义和广义，1970 年的《国家公园系统管理促进法》①中明确了广义的"国家公园系统"，是指以建设公园、保护区、历史地、观光大道、游憩或其他目的，目前或今后经由内政部长指导、由国家公园管理局管理的陆地与水域范围的总和。狭义上的国家公园是指一个足够大的水域和陆地范围，能够为其区域内多种多样的自然资源提供充足的保护②。

2. 英国国家公园

根据英国国家公园管理局协会（Association of National Parks Authority，ANPA） 的信息，英国的国家公园由联合王国的每个政治实体自行建立。英国现有 15 个国家公园，10 个在英格兰，3 个在威尔士，2 个在苏格兰，北爱尔兰目前没有国家公园。尽管这些国家公园并不完全满足国际公认的 IUCN "国家公园"标准，但其景观优美，且约束了人类居住和商业活动。

英国所有国家公园都具有两个法定使命——保护和加强该地区的自然和文化遗产，并促进公众了解和享受国家公园的特殊价值。苏格兰的国家公园还有另外两个法定目的——促进该地区自然资源的可持续利用，以及促进当地社区的经济和社会可持续发展。

英国国家公园都属于自然保护地，拥有美丽的乡村、野生动物和文化价值。人们可在国家公园里生活和工作，国家公园内的农场、村庄、城镇、景观和野生动物一并受到保护。国家公园欢迎游客，并为其提供体验、享受和了解国家公园特殊价值的机会。

英国国家政府没有专门的国家公园管理部门，而每个国家公园都由一个国家公园管理局（National Parks Authority）的机构来管理，其中包括委员会、全职工作人员和志愿

---

① The United States Department of the Interior，NPS，ACT TO IMPROVE THE ADMINISTRATION OF THE NATIONAL PARK SYSTEM（GENERAL AUTHORITIES ACT，）1970，https://www.nps.gov/parkhistory/online_books/anps/anps_7a.htm。
② The United States Department of the Interior，NPS，Nomenclature of Park System Areas，https://www.nps.gov/parkhistory/hisnps/NPSHistory/nomenclature.html。

者。全英 15 个国家公园都是国家公园管理局协会的成员，该协会致力于促进英国国家公园的发展，并促进工作人员和所有公园成员之间的交流和能力建设。

3. 法国国家公园

根据法国《环境法》，具有独特的保育价值（如动物和植物资源、土壤、空气和水、景观，甚至文化遗产等）或因退化或破坏而直接影响到多样性、组成、存续和进化的陆地和海洋自然环境区域，都适于建立国家公园[1]。

法国国家公园一般分为两个区域：核心区域（IUCN 第 II 类）严格限制人类活动以最大限度保护其自然生态系统，在核心区域内可设立原野保护地，严格保护其中的动植物资源以供科学研究；附属区域（IUCN 第 V 类）由当地政府自发性地执行可持续发展政策以帮助保护国家公园的核心区域。目前法国本土有 10 处国家公园，占国土总面积的 8%。国家公园正在努力维持生物多样性保护与可持续发展之间的平衡，并逐步放权给地方管理部门。

4. 澳大利亚国家公园

澳大利亚自然景观和动植物资源丰富。澳大利亚从 1863 年开始筹划建立国家森林公园，并于1879 年将悉尼以南 8600 公顷的王室土地开辟为保护区域，建立国家公园，这是当时世界上继美国黄石国家公园之后的第二个国家公园。澳大利亚国家公园是属地自管模式，该模式的实施路径为：以自然保护为核心目标和最高宗旨，各州和领地因地制宜实行多样化管理，同时积极为国家公园的持续运营和营销管理提供多项保障措施和创新经验。各州和领地对国家公园的定义相似，但表述各不相同，首都直辖区的定义为"用于保护自然生态系统、娱乐以及进行自然环境研究和公众休闲的大面积区域"。目前，澳大利亚全国有 700 多个国家公园，约占澳大利亚总面积的 4%，其中大部分都由各州及领地政府管理，而联邦政府只负责管辖 6 个陆地国家公园和 13 个海洋国家公园。这些国家公园最重要的职责就是保护本土的动植物[2]，同时还具有相当的自然和文化价值，为人们提供了娱乐和休闲的场所。

澳大利亚国家公园总体来讲属于自然保护地范畴，其主要任务是保护好公园内的动植物资源和环境资源、开展科研工作、实施联邦政府制定的各项保护计划，其所需经费

---

① Environmental Code，Art.L.331-15。
② 澳大利亚环境和能源保护局，http://www.environment.gov.au/topics/national-parks。

均由联邦政府和州政府专款提供。在澳大利亚，国家公园对所有人都开放，但严禁破坏公园内的动植物资源，严禁污染水环境、破坏自然环境，违者将受到严厉的惩处。

5. 津巴布韦国家公园

津巴布韦国家公园由津巴布韦公园与野生动物管理局（The Zimbabwe Parks & Wildlife Management Authority）进行管理[①]。该局在 1975 年津巴布韦《公园与野生动物国家法案》下建立，隶属于自然资源和旅游部。除 11 个国家公园外，该机构还负责管理部分游憩公园、植物园、狩猎区及禁猎区。管辖总面积约为 500 万公顷，占国土总面积的 13%。津巴布韦国家公园保护和保存了其领土范围内的景观与风景、野生动植物及其所在生态环境，从而为公众提供享乐、科普教学与精神启发[②]。国家公园内禁止狩猎，并着力保护国家公园内最原始、未被干扰破坏的自然环境。

6. 菲律宾国家公园

菲律宾是世界上生物多样性最丰富的国家之一。早在 1932 年就制定了《国家公园法》，随后直到 20 世纪 70 年代，通过一系列法律和法令建立了一系列的国家公园。国家公园管理的目的主要是加强娱乐和旅游业发展，并从国家公园中清除定居者和其他未经授权的（土地）占有者（Villamor，2006）。1987 年获批的菲律宾《宪法》着重突出了土著人权利、清洁环境、自然资源保护和公平获取自然资源等内容（Vina 等，2010）。该《宪法》第三章明确提出"菲律宾的公有土地，是由农田、森林、矿山和国家公园共同组成"[③]，将国家公园明确定义为公有土地的一种类型，而不是自然保护地的一种类型。

7. 南非国家公园

南非国家公园指包含一种或多种生态完整的生态系统、具有国家或国际重要性的生物多样性、具有代表性的自然系统、景观或文化遗产的地域，该地域禁止破坏生态完整性的开发和占有，为公众提供与环境相适的精神、科学、教育和游憩机会，并在可行的前提下为经济发展做出贡献。国家公园或其中的部分地区可设置荒野地。其目的是保护

---

① The Zimbabwe Parks & Wildlife Management Authority，http://www.zimparks.org/。
② 津巴布韦（1975），The 1975 Parks and Wildlife Act。
③ 菲律宾宪法（1987），http://www.gov.ph/index.php? option=com_content&task=view&id=200034&Itemid=26。

和保持环境的自然特征、生物多样性、相关的自然和文化资源以及维持环境收益和供给服务、审美需求等。南非国家公园共有 20 个。

8. 俄罗斯国家公园

俄罗斯《特别自然保护地法》将俄罗斯自然保护地分为国家公园、国家级自然保护区、自然公园、全国和地方性的国家自然禁猎区、自然遗址地、植物园、树木公园、疗养院和疗养保健地。俄罗斯总共有自然保护地 10878 个，命名为"国家公园"的共 40 个，符合 IUCN 自然保护地 II 类国家公园准则的有 63 个[①]。

俄罗斯国家公园是环境、生态、教育和研究的场所，包括具有特殊生态、历史、美学价值的自然复合体，可提供受管控的环境，及教育、科学、文化、旅游等服务[②]。根据俄罗斯联邦法律，国家公园拥有其辖域内土地、水域、矿物质、植物和动物的所有权和使用权。在某些情况下，国家公园的土地可能属于其他使用者和所有者，而国家公园必须用联邦预算或是其他合法预算来取得这些土地的所有权。国家公园属于联邦财产，其区域内的建筑、历史、文化等财产都受国家公园的经营管理。一些特定的国家公园根据国家当局以及俄罗斯联邦在环境保护领域特约授权的国家机构共同商定与批准的条例经营。

不同国家，国家公园的功能与管理也有差别，如英国的国家公园与美国、法国有明显区别。澳大利亚、美国等国家强调生态系统的保护，而津巴布韦更关注野生动植物的保护。不同国家的国家公园定位与其国家体制、自然保护发展历程密切相关。从以上代表性国家的国家公园定位来看，国家公园是保护国家代表性的生态系统、野生动植物与自然景观，并为国民提供认识自然、接近自然、休闲娱乐的场所。

2.3　国外国家公园空间规划

许多国家对国家公园的空间规划高度重视，在探索实践中不断完善，美国、加拿大等国家初步建立了较为成熟、可行的国家尺度国家公园规划的程序、方法和技术体系。

---

① IUCN WDPA Database.

② http://oopt.info/oopt_statut.html.

2.3.1　美国国家公园体系规划

根据 Craig（1999）的研究，自 1872 年黄石国家公园建立伊始，美国国家公园的规划与选址观念就在不断发展完善。在 1865 年，国家公园等同于"博物馆"；1870 年则定义成了"实验室"；1872 年变为"开心地"；1916 年，又强调"自然与历史对象"；1963 年开始重视"美洲的原始插曲"及"生态系统"。在现实中，国家公园可以是以上所有定义的综合体。然而，科学家和历史学家认为早期国家公园选址的首要因素——景观美丽——最值得关注。1918 年，美国国家公园管理局第一位局长 Steven Mather 收到了来自美国内政部 Franklin Lane 的来信，信中明确指示公园应"具有极好的、独特的景观，或超凡的自然特征，或独特的国家重要性"。该信为后来的国家公园选址提供了明确标准——景观美丽（从人类角度出发）、自然特征（从生物—地理角度出发）及国家重要性。直到今日，国家重要性依旧是国家公园管理局对新建国家公园选址的重要因素。在该信出现之前，早期的国家公园在选址和管理中考虑的主要因素是风景美丽，直到今天，风景依旧是国家公园管理局选址的标准之一。公园管理者在管理实践中也是主要考虑保护自然风景，为公众提供娱乐。也有国家公园的选址出自生物及地理的角度，如黄石国家公园的建立原因之一就是其森林与动物的独特性。除了国家公园，早期许多其他保护地的建立也重点考虑了生物及地理因素，而其中一部分后来转化为国家公园，如大峡谷在 1893 年是森林保护区，1906 年改为游憩保护区，1908 年成为国家纪念地，1919 年成为国家公园。

Craig（1999）同时也认为，在国家公园发展早期，美国也没有国家公园总体发展规划，小部分的规划都是以州或一个区域为背景开展的。例如，1929 年的加利福尼亚州国家公园规划，通过植被类型区划以保护"州内大范围的具有代表性的众多景观类型"，该规划成为其他州国家公园规划的蓝本。直到 20 世纪 60 年代才提出应该有一个基于自然特征保护的空缺规划，来指导美国国家公园体系的扩展。国家公园管理局提出了基于自然现象分类、自然历史主题和自然地标相结合的公园体系的扩增框架。1965 年美国内政部通过了这个扩增框架，并开展了《美国国家公园体系规划》，于 1972 年发布。该体系规划的发布是美国国家公园发展的转折点，它提供了一个具有明确保护主题的国家公园规划框架，用来识别国家公园体系的保护空缺及其优先性。该规划的公开目的是系统性地识别新建国家公园的最佳区域，其隐含的目的是抵抗国会推动的不恰当的新建公园选址。在当时，这个规划方法是一个极大的创新，极大地激发了公园体系的想象力。但同时，作为一个决定优先顺序的工具，该规划也有重大缺陷，因为不大可能有一个规划可以成功地描绘未来国家公园体系的最终状态。

1972 年发布的《美国国家公园体系规划》（NPS，1972）按地形和/或生物特征，将美国划分为 37 个自然（地理）区和自然历史主题，后经合并，减少为 20 个大区：阿迪朗代克，阿巴拉契亚高原，盆地与山脉，蓝岭，瀑布山—内华达山脉，中部低地，沿海平原，科罗拉多高原，哥伦比亚高原，大平原，内陆低纬度高原，南加利福尼亚，中、南、北洛基山脉，沃希托山，奥索卡高原，皮埃蒙特，圣劳伦斯河谷，苏必利尔高地，（阿拉巴马中部至纽约州的一系列东北—西南走向的）河谷与山脉，怀俄明州盆地。国家公园管理局的长期目标是：这 20 类自然地理区，每类都至少要建有一处国家公园。这一目标能否实现更多取决于受民众意愿左右的国会，而不是国家公园管理局的专业人士。

《美国国家公园体系规划》将美国历史归类为 9 大主题和 43 个子主题。这 9 大主题是：原住民、欧洲人探险和定居、英国殖民地建立、重大美国战争、政治和军事事件、西进运动、工程建设、名人故居、社会和社会良知；20 世纪 90 年代，国家公园管理局根据新的研究成果和对美国历史的新认识，大幅修订和调整了历史主题分类框架。修订后的框架包括 8 大主题：人类居所、社会机构创建与社会运动、文化价值表达、政治格局形成、美国经济发展、科技发展、自然环境改变、美国在国际社会中的角色变化。

当前，美国就如何创建国家公园、国家公园的选址等制定了准则与指标，具体分为国家重要性、自然资源保护价值评估、适宜性和可行性。这些准则与指标对于我国国家公园的创建也有借鉴意义。

能满足以下四项准则的区域可以规划建设国家公园：

（1）它是特定类型资源的典型代表；

（2）它在说明或解释国家自然或文化遗产方面具有特殊的价值或品质；

（3）它可以为公众休闲娱乐或科学研究提供机会；

（4）它保持高度的完整性，可作为一个真正的、准确的并相对未被破坏的资源代表。

可以用以下指标评估潜在国家公园建设区域的自然资源保护价值：

（1）可展示一类广泛分布的地貌或生物区域特征的典型区域；

（2）曾经普遍存在，但由于人类的定居和利用而正在消失的残余自然景观或生物区域；

（3）在某地区或国家非常罕见的地貌或生物区域；

（4）具有特殊的生态成分（物种，群落或栖息地）或地质特征（地貌，可观察的地质过程表现）的区域；

（5）具有独特生物物种或群落的区域；

（6）稀有植物或动物物种的集中分布区域，尤其是受威胁或濒危的植物或动物集中分布区；

（7）物种持续生存所必需的重要避难所；

（8）含有罕见或丰富的生物化石等自然遗迹的场址；

（9）具有优美景观特色的区域，如奇妙的地形特征、不寻常的地貌或植被、壮丽的景观或其他特殊景观；

（10）具有大量长期的研究和科学发现记录，具有宝贵的生态或地质重要性基准的区域；

（11）具有尚未建有国家公园的自然主题或休闲娱乐资源的区域。

国家公园的候选区域还要考虑可行性。首先，区域的自然系统和/或历史环境的规模应适当，以确保资源的长期保护和公共使用；其次，建设与管理成本需合理；最后，应具备土地所有权、通达性、对资源威胁小以及员工生活需求或发展需求等建设条件[①]。

2.3.2　加拿大国家公园体系规划

根据《加拿大国家公园法》（*Canada National Parks Act*，2000 年版），"国家公园是加拿大应保护的地方，以便使其能够不受损失地为子孙后代所享用。"此外，"维护并恢复生态完整性，对自然资源和自然过程的保护应为优先"。1971 年由加拿大国家公园管理局发布的《国家公园体系规划》（以下简称《体系规划》）将系统规划和空间布局引入了加拿大国家公园建设。

《体系规划》是根据"保护加拿大具有杰出代表性的景观区域"这一基本原则而制定的。它根据地形和植被将加拿大划分为 39 个"国家公园自然区"（National Park Natural Regions）和 8 个"海洋自然区"，同时规划的目标是在每一个自然区能够建立至少一个国家公园。这样，国家公园体系代表了各类地区，从而保护了整个国家的典型区域。

为了方便参考和理解，《体系规划》对自然区的总体情况只用一张图表加以概述，但对每个自然区则提供了有关土地、植被、野生生物、国家公园状况以及在该地区确定

---

① Criteria for New Parklands, NPS，https://parkplanning.nps.gov/files/Criteria%20for%20New%20Parklands.pdf。

和实施体系规划的进展做了说明和描述。

对于自然区的要求，加拿大国家公园管理局认为应当是"普通人能够区分不同自然区的差别"，因而地质、地形和生态特征是必须考虑的因素。对于如何区分各因素的权重并实际开展空间规划和自然区划分，加拿大国家公园管理局做出如下规定：

（1）规划方法考虑不同的区划要素，为避免主观因素，在三个已有的区划上开展自然区划分；

（2）区划主要参考 Bostock（1970）的"加拿大自然地理区划"（Physiographic Subdivisions of Canada）。Bostock 的区划考虑了森林、地质、地理和其他自然资源，还考虑了区域平衡和政治文化特征，区划范围大小较为合适；

（3）由于 Bostock 的区划主要考虑的是地貌，对生物因素考虑不足。吸取美国国家公园自然（地理）区划分中生态因素考虑不足的教训（Ronald A Foresta，1985），加拿大国家公园管理局又参考了 Rowe（1959）的"加拿大森林区划"（Forest Regions of Canada），综合考虑了森林类型、地形、土壤等因素，将加拿大划分为 8 大森林类型的 73 个森林区域，同时还参考了伍德瓦尔第（Miklos Udvardy）1969 年的生物地理划分，对 Bostock 的一些区划进行了调整，并最终于 1971 年的《体系规划》中发布了自然区的空间规划。

加拿大《国家公园体系规划》是世界上较早、也较为成功的国家通过系统的空间规划，促进国家公园建设的案例。根据 Ronald A Foresta（1985）和 Adrian G Davey（1998）的研究分析，自然区的划分从总体上是成功的，特别是考虑了如下方面：

（1）以现有区划为基础开展自然区划分，一定程度上避免了国家公园布局的主观性，为国家公园的建立提供了合乎情理而又有科学依据的框架；

（2）虽然有些自然区在分类学和美学角度上的区别不是十分明显，但区划带来了实际操作上的便利，最终使加拿大建立了真正意义上的国家公园体系，区划的优势大于其劣势；

（3）区划避免了行政边界划分的争议，降低了政治争议，更容易得到各级政府和财政的支持；

（4）简明易懂的规划促进了将政策转化为实际行动，既能得到政治上的支持，又便于相关利益者更好地参与[①]。

---

① 国际自然保护地分类及案例研究（修改稿），IUCN 2017。

另外，除了体系建设，加拿大还关注单个国家公园的生态完整性，并提出了明确的评估指标（Jamie Benidickson，2009）（表 2-19）。

表 2-19 加拿大国家公园生态完整性指标

生物多样性	生态系统功能	人类压力
物种丰度 ● 物种丰度 ● 外来物种的数量和情况 种群变化 ● 指标物种的出生/死亡率 ● 指标物种迁徙情况 ● 指标物种的种群活力 营养结构 ● 动物区系大小、分布 ● 捕食行为	演替/衰退 ● 干扰频率及规模（火灾干扰、虫害干扰、洪水干扰） ● 植被年龄结构 生产力（整体或分地点） 组成 ● 分地点 养分循环 ● 钙、氮	人类土地利用模式 ● 土地利用、道路密度、人口密度、栖息地破碎化 ● 斑块面积、斑块间距等 污染物 ● 污水、石油化学品等 ● 有毒物品远距离输送 气候 ● 气象数据 ● 极端事件频率 其他 ● 与单个公园相关的问题

2.3.3 巴西自然保护地体系空间规划

巴西的生物多样性保护、可持续利用及收益共享优先区域（以下简称优先区域）是一种公共政策手段。它以客观、参与性的方式支撑保护地的建立、证件许可、监督以及规划的制定与实施。巴西环境部不断通过运用新的数据、信息与工具等对优先区域与行动进行更新[①]。

1. 优先区域规划方法

巴西的优先区域以巴西地理与统计协会的生物群落与植被地图[②]为基础，使用了"系统保护规划"方法（Margules and Pressey，2000）进行识别和选取。巴西地理与统计协会的生物群落与植被地图将巴西分为 6 个生物群落，分别为亚马逊热带雨林（Amazonia）、热带稀树草原（Cerrado）、半干旱热带旱生林（Caatinga）、大西洋沿岸森林（Mata

---

① 巴西环境部，http://www.mma.gov.br/biodiversidade/biodiversidade-brasileira/%C3%A1reas-priorit%C3%A1rias。
② 巴西地理与统计协会：生物群落与植被地图，http://www.ibge.gov.br/home/presidencia/noticias/21052004 biomashtml.shtm。

Atlântica）、潘塔纳尔湿地（Pantanal）和潘帕平原（Pampa）生物群落，每个生物群落有不同的气候和植被特征。系统保护规划方法是一个客观有效的方法，可以为优先区域的识别过程建立档案。该方法使用程序促进了利益相关方的参与度，也为有效的信息沟通和机遇评估提供了有利条件。

2. 系统保护规划

自然保护地主要目标的实现取决于自然保护地代表性和持久性。为了确保代表性和持久性，保护地规划不但要考虑地理、生物等相关要素，还要考虑自然保护地的设计变量，包括大小、连通性、边界的对接等。在系统保护规划过程中，所有保护目标都是优先选择的，每个目标的地理分布以及这些目标各自的保护对象都要被考虑。另外，还使用了包括经济、社会和环境成本等不同层面的官方数据，并使用空间工具（如Marxan）和地理信息系统（GIS）完成建模分析。这些分析明确指出解决方案中必须包含高度不可替代的领域。系统保护规划的最终解决方案定义了一些能够确保保护目标代表性和持久性的优先区域。系统保护规划的有效性取决于：是否有效地使有限资源达到保护目标；土地利用竞争压力下的规划延续性和灵活性；在严格评估下决策的可靠性。

系统保护规划具有以下几个特点：

（1）在规划过程中，生物多样性指标的特征明确；

（2）保护目标的目的性明确、数量化、具有可操作性；

（3）现有自然保护地对保护目标的实现程度明确；

（4）通过指定和设计新的自然保护地弥补现有自然保护地的不足，促进保护目标的实现；

（5）对所有实际进行的保护活动使用明确的标准，特别是在无法一次性保护所有待选保护目标的管理计划中，明确其所使用的标准；

（6）通过明确的目标和机制维持自然保护地内的综合条件，促进关键自然特征的持久性，同时对其进行监测和适应性管理。

2.4　国际经验对中国自然保护地及国家公园建设的启示

2.4.1　建立包括国家公园在内的中国自然保护地管理分类标准和分类体系

中国地形复杂、生态系统类型多样，具有独特的自然景观和丰富的生物多样性。中国的自然保护地保护着众多具有全球意义的生物多样性和自然景观。目前，中国已经建立的各类自然保护地包括自然保护区和风景名胜区等十余种类型，主管部门近 10 个。中国现有的各种类型的自然保护地分属于不同的主管部门，陆续在不同的时期建立起来，在地理空间上存在着交叉和重叠，在产权方面存在着权属不够明晰，在管理方面存在着多部门分散管理、职责不清，甚至同一个自然保护地同时挂多个牌子。同时，由于管理目标不明确，本应严格保护的没有得到严格保护，可以利用的没有得到合理利用，保护与利用的矛盾突出，影响了整体的保护成效。

然而，通过国际案例分析发现，美国、英国、法国、澳大利亚等国家都建立了种类繁多、数量庞大的自然保护地（其中还包括大量民间自建自管的自然保护地），导致管理上普遍存在不同行政管理部门，以及国家与地方之间的管理协调矛盾。案例国家根据其资源状况、国情条件等建立了包括国家公园在内的自然保护地体系，而其管理模式仍存在较大差异。

IUCN 经过 50 多年的努力，对全球各种类型的自然保护地进行了系统的研究和分析，提出了 6 个类型的自然保护地管理分类体系，目前《IUCN 自然保护地管理分类应用指南》已成为国际上自然保护地管理分类的通用标准，得到《生物多样性公约》秘书处、联合国机构、许多国际组织和国家的认可和应用，是唯一的全球性自然保护地管理分类标准。

案例国家自然保护地大多按照 IUCN 自然保护地管理分类标准开展了管理分类（表 2-20），这不但在很大程度上明确了其自然保护地的管理目标和要求，还为国际交流与沟通提供了便利。其中，菲律宾参考 IUCN 的管理分类，建立其自然保护地综合体系的经验和教训，尤其值得参考。因此参考国际的经验，对中国的自然保护地参照 IUCN 标准来进行管理分类，既具备可行性，也能够更好地与国际接轨。

表 2-20   相关国家自然保护地 IUCN 管理分类情况汇总（WDPA，2017 年 9 月）

国家	世界自然保护地数据库（WDPA）收录数量/个	符合 IUCN 分类标准的保护地数量/个	占 WDPA 百分比/%
美国	34073	33364	97.92
英国	11551	9931	85.98
加拿大	7933	7664	96.61
法国	4612	2757	59.78
澳大利亚	10880	10785	99.13
巴西	2196	1095	49.86
菲律宾	559	390	69.77
津巴布韦	231	63	27.27
世界	233895	157559	67.36

因此，在我国建立国家公园体制的同时，参考 IUCN 的自然保护地管理分类标准，建立中国的自然保护地管理分类标准和分类体系，对现有的各种自然保护地进行科学系统分类，建立完善的自然保护地体系管理体制，促进自然保护地的有效管理。

同一区域内包含多种自然保护地，会造成管理矛盾突出、保护成效低下等现象，建议采取以下手段：（1）在建立新保护地体系管理分类的基础上，符合国家公园定义和标准的现有自然保护地直接转为国家公园；（2）对区域内的自然保护地进行整合、改建、扩建之后，符合国家公园建立标准的，划入国家公园；（3）对于符合国家公园定义和标准的区域，通过新建国家公园，进一步完善我国自然保护地体系。

2.4.2   根据中国自然保护地管理分类体系，明确国家公园的定义、目标、特征和功能定位

建立中国国家公园体制，首要问题是明确界定国家公园的定义和定位。国际上公认的自然保护地定义是指一个明确界定的地理空间，通过法律或其他有效方式得到认可、承诺和管理，以实现对自然及其所拥有的生态系统服务和文化价值的长期保育。"国家公园"是自然保护地体系中的重要一员，不是供游人游玩的"城市公园"，也不是主要用于旅游开发的"风景旅游区"。在 IUCN 自然保护地管理分类体系划分的 6 个类型中，国家公园属于第 II 类，是特指把大面积的自然或接近自然的区域保护起来，以保护大尺度的生态过程及其包含的物种和生态系统特征，同时，提供环境与文化兼

容的精神享受、科学研究、自然教育、游憩和参观的机会。各国的国家公园定义见表
2-21。

表 2-21　IUCN 与各国的国家公园定义

	国家公园定义
IUCN	类别 II（国家公园）是指大面积的自然或接近自然的区域，设立目的是保护大尺度的生态过程，以及相关的物种和生态系统特征，并提供了环境和文化兼容的精神享受、科研、教育、游憩和参观的机会
美国	国家公园的定义分为广义和狭义两种，总的来说，狭义上的国家公园是一个足够大的水域和陆地范围，能够为其区域内多种多样的自然资源提供充足的保护。广义上的"国家公园系统"是指以建设公园、保护区、历史地、观光大道、游憩或其他目的，目前或今后经由内政部长指导、由国家公园管理局管理的陆地与水域范围的总和
法国	具有独特保育价值的陆地和海洋自然环境区域，或者这些区域若退化或破坏，会直接影响其多样性、组成、存续和进化等，都适于建立国家公园
英国	保护和加强该地区的自然和文化遗产，并促进公众了解和享受国家公园的特殊价值（全英统一）；促进该地区自然资源的可持续利用，以及促进当地社区的经济和社会可持续发展（苏格兰补充）
加拿大	国家公园是加拿大应保护的地方，使其能够不受损失地为子孙后代所享用。此外，维护并恢复生态完整性，对自然资源和自然过程的保护应为优先
南非	保护具有国家或国际重要性的生物多样性地域、南非有代表性的自然系统、景观地域或文化遗产地，其包含一种或多种生态完整的生态系统的地域，可以防止与生态完整性保护不和谐的开发和占有，为公众提供与环境相适的精神的、科学的、教育的和游憩的机会，并在可行的前提下为经济发展做出贡献
阿塞拜疆	是具有自然生态、历史、美学和其他重要价值的地区，用于自然保护、启蒙、科学、文化等功能
澳大利亚	各州和领地对国家公园的定义相似，但表述各不相同，首都直辖区的定义为"用于保护自然生态系统、娱乐以及进行自然环境研究和公众休闲的大面积区域"
津巴布韦	保护和保存了其范围内的景观与风景、野生动植物及其所在生态环境，从而为公众提供享乐、科普教学与精神启发
俄罗斯	国家公园是环境、生态、教育和研究场所，其领土（水域）包括具有特殊生态、历史、美学价值的自然复合体，对国家公园的使用可出于环境、教育、科学、文化以及（受制约和管制的）旅游的目的

按照 IUCN 的自然保护地管理分类标准，国家公园的基本特征是大面积的完整自然生态系统，同时具有独特的、具有国家象征意义的自然美景和文化价值。而国家公园的主要功能应定位为：（1）通过严格保护大面积具有高保护价值的自然或接近自然的区域，保护大尺度的生态过程以及相关的物种和生态系统特征；（2）在严格保护核心区和科学控制利用方式及访客数量的前提下，有限制地开展科学研究、环境教育和休闲游憩活动，从而使当代人和子孙后代获得自然的启迪、休闲和精神享受；（3）通过建立国家公园体制，理顺和完善中国自然保护地管理体制，提高管理水平，保障国家生态安全；（4）有效解决保护与利用的矛盾，为周边社区提供就业、参与和发展的机会。

研究涉及的相关国家，都将其国家公园明确为自然保护地的一种。而根据澳大利亚、法国、阿塞拜疆等国家公园的建立及管理经验，上述 IUCN 建议的国家公园四点定位对实现完善的国家公园功能缺一不可，同时确保这四点功能才能实现国家公园自然生态系统的完整性及其文化价值与美学价值的保存。

在国家公园定义和定位的国际经验中，法国的经验值得参考。在 2006 年改革之后，法国对于国家公园在自然保护地中的定位，明确了保护与可持续发展两个重点目标，并通过立法保证国家公园在生态保护与旅游发展中的独特作用。通过核心区域与附属区域的划分，加强了生态系统的连贯性；通过中央与地方配合，实现了区域生态和经济的平衡；通过多利益方参与，保证了意见的汇总和有效实施。

同时，参考美国、英国、澳大利亚、菲律宾等国的经验，在其建设国家公园和自然保护地时，传统文化是一个重要的考量并成为其自身重要价值的一部分。中国是四大文明古国之一，具有丰富的历史、文化和宗教传统，更有着"神山圣湖""道教名山""佛教名山"等宗教与地方文化价值。因此，在中国建立国家公园体系时，应该将历史文化资源等因素考虑进去。

国家公园是自然保护地体系中的重要类型之一，应实施严格保护，有限地开展科研、环境教育和休闲参观活动。建立国家公园的首要目标是保护生态系统，及其动植物物种组成与生态过程，推动生态环境教育和游憩，禁止不合理的旅游开发和其他自然资源的开发利用，给子孙后代留下珍贵的自然遗产。

建立中国自然保护地管理分类标准和分类体系，明确国家公园的定义和内涵，将国家公园作为中国自然保护地体系中的一种重要类型，按照国家代表性的原则筛选国家公园候选名录，为建立国家公园奠定基础。

2.4.3　开展中国国家公园建设空间布局规划

空间规划是科学、有效地保护自然生态环境的基本技术手段，结合自然地理条件、生态系统类型、濒危动植物分布、自然景观等特征，以空间分析为手段开展空间规划，可以较好地为自然保护地体系及国家公园的布局提供科学依据。

（1）采用自然分区的方法，确定中国生态代表性区域，结合国家公园建设，促进区域保护的体系化。加拿大国家公园体系规划的自然分区理念和做法，具有科学性强、利益方接受度高等优点，采用类似的思路推进中国国家公园建设的空间规划，应具有较强的可操作性。根据气候、地貌、植被与珍稀物种的分布将中国划分成若干自然区域，在每一自然区域建设至少一处国家公园，可以促进中国代表性自然区域的保护。

（2）在自然分区内采用系统保护规划的方法，识别保护空缺，明确自然保护地的管理类型，并结合原真性及完整性相关指标，识别单个国家公园建立的优先区域。南非和巴西均开展了系统保护规划，通过识别保护空缺和分类分片确定保护目标和管理功能。而美国和加拿大的国家公园，则为原真性和完整性的定义和指标提供了参考。这些经验对于确定中国自然保护地体系的发展重点和方向，促进国家公园的建立，推动自然保护地的分类管理等，具有实际的借鉴意义。

第3章　中国自然保护地体系与国家公园定位

近年来，各级政府高度重视自然保护，建立了自然保护区、风景名胜区、地质公园、森林公园、湿地公园与水利风景区等不同类型的自然保护地。截至 2016 年，自然保护地数量超过 12000 个，保护面积约占国土面积的 20%。然而，自然保护地体系也面临诸多问题，包括保护地面积小、保护地空间重叠、部门交叉管理等。本章通过梳理、分析现有自然保护地状况与存在的问题，构建自然保护地管理分类体系，明确各类保护地目标与定位，确定国家公园在全国自然保护地体系中的功能定位，为国家公园总体布局规划提供依据。

3.1　中国自然保护地体系现状

3.1.1　中国当前自然保护地类型、数量及面积

据不完全统计，截至 2016 年，我国有自然保护地 14 类，总数量（不含港澳台）超过 12000 个[①]，国家级自然保护地共有 4778 个，占全国自然保护地总数的 38%（图 3-1）。其中，森林公园 3234 个，占总数的 26%；自然保护区 2740 个，占 22%；水利风景区 2500 个，占 20%；湿地公园 1070 个，占 9%；风景名胜区 999 个，占 8%。上述五类保护地含国家、省（市）级与县级。另有全国水源地保护区（保护饮用水水源地）618 个，

---

① 自然保护区数据收集自环境保护部官网；森林公园、湿地公园、沙漠公园数据收集自国家林业局官网；风景名胜区、城市湿地公园数据收集自住房和城乡建设部官网与其他网页公开信息；水利风景区总数引自《全国生态旅游发展规划（2016—2025）》，国家级水利风景区、全国重要饮用水水源地名录收集自水利部官网；地质公园总数引自《全国生态旅游发展规划（2016—2025）》，其中国家级名录收集自国土资源部官网；国家级水产种质资源保护区、国家级畜禽遗传资源保护区数据收集自农业部官网，农业野生植物原生境保护区数量引自环境保护部发布的《2009 年自然生态状况公报》；国家旅游度假区数据收集自国家旅游局官网。

国家级水产种质资源保护区 523 个、国家农业野生植物原生境保护区 118 个，此外，还有沙漠公园、城市湿地公园、畜禽遗传资源保护区等自然保护地（图 3-2）。

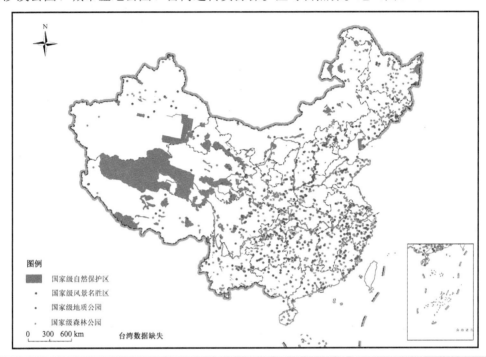

图 3-1　中国主要自然保护地空间分布

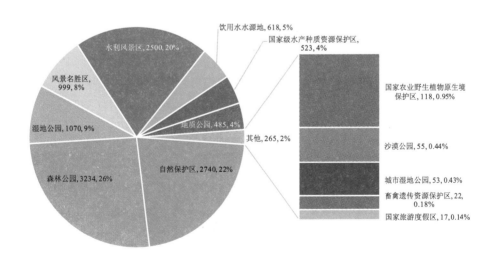

图 3-2　中国不同类型自然保护地数量及比例

因不同类型自然保护地的信息完整度不同，本书仅收集到部分自然保护地的面积，按收集到有面积信息的自然保护地计算，我国陆域不同类型自然保护地面积之和为200.57万平方千米，考虑部分重叠，覆盖陆域国土面积的20%左右。自然保护区总面积147.03万平方千米，其中自然保护区覆盖陆域国土面积的14.8%左右。国家地质公园总面积为21.72万平方千米，约占陆域国土面积的2.26%。森林公园总面积18.02万平方千米，约占陆域国土面积的1.88%。国家级风景名胜区总面积11.62万平方千米，其中陆地国家级风景名胜区总面积11.55万平方千米，约占陆域国土面积的1.2%。此外，国家沙漠公园面积0.3万平方千米，约占陆域国土面积的0.031%（表3-1）。

表3-1　中国主要类型自然保护地面积及国土覆盖比例

保护地类型	面积/万 km^2	占国土比例/%
自然保护区	147.03	—
陆地自然保护区	146.31	14.8
森林公园	18.02	1.88
国家地质公园	21.72	2.26
国家风景名胜区	11.62	—
陆地风景名胜区	11.55	1.20
国家沙漠公园	0.3	0.03
陆域保护地总计	200.57	20.89

不同区域的自然保护地面积差别极大，如东部自然保护区数量多但面积较小，西部自然保护区数量较少但面积极大。最大的羌塘自然保护区29.8万平方千米，面积超过1万平方千米的自然保护区有16个；最小的黑龙江科洛南山五味子自然保护区，面积仅有0.3公顷。

3.1.2　不同部门主管的自然保护地现状

为进一步了解不同部门的自然保护地管理情况，本书根据自然保护地信息进行部门管理的统计归类，分析各类型自然保护地的建设和管理情况，统计部门间交叉和部门内交叉的自然保护地情况。

1. 各部门自然保护地数量

在所统计的8599个各类各级自然保护地中，林业部门建立的自然保护地数量居多，总数有 4642 个,占自然保护地总数的 53.98%,包括自然保护区、森林公园、湿地公园、沙漠公园区等。其次为水利和住建部门,数量分别为 1429 个和 1051 个,占自然保护地总数量的 16.62% 和 12.23%,各自以水利风景区、风景名胜区为主(表 3-2)。

表 3-2　各部门自然保护地总数统计

部门名称	环保	林业	水利	海洋	农业	住建	国土	总计
自然保护地数量/个	349	4642	1429	149	651	1051	328	8599
占比/%	4.06	53.98	16.62	1.73	7.57	12.23	3.81	100.00

2. 部门间自然保护地交叉管理情况

对部门间与部门内的自然保护地交叉管理问题分析结果表明,林业部门与其他部门间交叉管理的保护地数量较多,共计 834 个,占林业部门管理保护地总数的 17.97%;其次为住建部门,有 354 个,占其部门自然保护地总数的 33.68%。交叉管理的自然保护地占该主管部门所管理的保护地总数比例最高的为国土、海洋和住建 3 个部门,前两者的比例分别为 51.22%、38.26%(表 3-3)。

表 3-3　各部门自然保护地交叉管理情况统计

部门名称	环保	林业	水利	海洋	农业	住建	国土
部门交叉管理数量/个	56	834	236	57	86	354	168
占部门总数量百分比/%	16.05	17.97	16.52	38.26	13.21	33.68	51.22

在选取的 7 个部门 11 个自然保护地类型中,风景名胜区、森林公园、自然保护区、地质公园为交叉管理最多的保护地。其中,住建部门管理的风景名胜区与其他类别自然保护地的交叉数量最多,占其统计数量的 20.32%,其与森林公园有 164 个存在交叉,与自然保护区有 99 个存在交叉,与地质公园有 77 个存在交叉。林业部门管理的森林公园与其他自然保护地交叉数量位居第二,占其统计数量的 19.94%,其与 149 个自然保护区有交叉,与 53 个地质公园有交叉。排在第三名的为自然保护区,占其统计数量的 18.64%,其与地质公园有 57 个存在交叉。风景名胜区与森林公园、森林公园与自然保护区这两种交叉管理类型的自然保护地累计 313 个,占统计的交叉保护地总数的 14.55%。沙漠公园、海洋公园与其他类型自然保护地重叠数量较少,应该是保护对象和

所处环境与其他保护地差异较大造成的。

3.1.3　各省市自然保护地

1. 数量与面积

自然保护地设置首先与生物多样性和人口密度的空间分布有关，其次与各省市政府的国土开发政策有关。总体上看，人口稀少、生物多样性丰富的偏远省份自然保护地面积大、数量少，如西藏、青海、新疆；生物多样性丰富、经济较发达的省份，自然保护地面积与数量都较大，如四川、黑龙江、云南等；生物多样性丰富，人口密度高，经济发达的省份自然保护地数量多、总面积小，如广东、山东、福建、浙江等；生物多样性不丰富，人口密度高，经济发达的省份，自然保护地数量、面积均小，如上海、天津、北京、江苏。

根据 8599 个自然保护地名录（未含港澳台）[①]信息统计，我国东部自然保护地数量明显多于西部地区，除山东外，中南部省份总体上多于沿海省份。其中，山东省（582个，6.71%）、四川省（522 个，6.02%）、黑龙江省（518 个，5.97%）、湖南省（467 个，5.39%）和江西省（443 个，5.11%）为自然保护地数量最多的省份。国家级自然保护地数量最多的省份为山东省，共有 236 个国家级自然保护地，占全省自然保护地比例为 40.55%；其次为湖南省，共有 216 个国家级自然保护地，占比 46.25%。统计显示，共有 17 个省份国家级自然保护地数量超过 100 个。

面积则与数量不同，直接反映自然资源的丰富度与人口密度的高低情况。以自然保护区为例，各省之间自然保护区的总面积与平均面积极不均匀，总面积大的省份依次为西藏、青海、新疆、内蒙古、甘肃、四川、黑龙江、云南等西北、西南、东北等区域的边远省份，辽宁居第九，海南自然保护区总面积也位列我国前十。在沿海发达省份中，广东自然保护区总面积高于山东、江苏、浙江。平均面积与总数量相反，而大型保护区主要分布在西藏、青海、新疆三省（区），显著高于其他省份。直辖市自然保护区不仅总面积较小，平均面积也较小（图 3-3）。

---

① 8599 个自然保护地信息收集自林业、水利、住建、国土、环保、农业、海洋 7 个部门，因旅游部门管理保护地较少，未做统计分析。

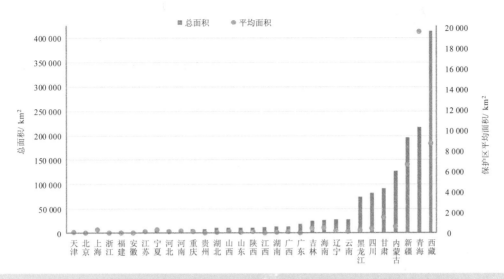

图 3-3　各省（区、市）自然保护区总面积与平均面积

2. 交叉管理

我国不同类型自然保护地均由国务院及相应地方政府不同职能部门进行管理，但在地方层面，职能部门接受地方人民政府领导，即"部门分治，地方合治"，由此造成部分保护地存在"一地多牌"的部门交叉管理现象。

我国自然保护地的行政主管职能部门有环境保护部、国家林业局、水利部、住房和城乡建设部、国土资源部、农业部、国家海洋局、国家旅游局等。本书收集以上 8 个部门自然保护地类别信息，通过地名重复筛选与人工校验方法，对各省（区、市）保护地的交叉管理情况进行统计分析。具体为：提取各自然保护地所在山川河流的通俗地名，如提取"张家界""九寨沟""祁连山"等地名标签，具有相同地名标签，初步判定为同一生态系统；之后对初步重叠名单的自然保护地空间分布信息进行手动查询、核对、复选、归类，如确定保护地的位置是否为比邻，结合保护地的管理部门标签，最终获得各省（区、市）同一生态系统由不同部门交叉管理的保护地数量，包括同一区域多块牌子与同一区域拆分成多个部门主管的不同片区两种情况，因缺乏范围与边界信息，两种情况未做进一步区分。

统计结果表明，各省（区、市）自然保护地均存在部门交叉管理情况。在 8599 个自然保护地中，共有 1891 个自然保护地确认存在部门交叉管理情况，占保护地统计总数的 22%。

我国自然保护地部门重复建设问题较为普遍，75% 的省（区、市）保护地部门交叉管理比例高于 1/5，甚至超过 1/3。存在部门重复建设问题的自然保护地数量较多的省份为黑龙江、山东、河南、安徽、江西，数量超过 100 个，黑龙江和山东分别高达 133 个和 121 个，分别占两省保护地总数的 25% 和 21%。自然保护地重复建设比例最高的前 5 个省（市）是河南（36%）、江苏（34%）、山西（32%）、北京（32%）及甘肃（30%），即在这些省份约 1/3 的保护地存在多个部门同时管理一个生态系统的现象。其他大部分省份介于 20%~30%，数量达 17 个。介于 10%~20% 的有广东（13%）、湖北（16%）、吉林（19%）、内蒙古（17%）、四川（19%）、天津（17%）、上海（12.5%）等 7 个省（区、市）。低于 10% 的仅有贵州、西藏两省（区），分别为 9% 与 6%（表 3-4 和表 3-5）。

表 3-4　各省（区、市）自然保护地部门交叉管理情况

省（区、市）	重叠管理自然保护地数量/个	自然保护地总数/个	跨部门自然保护地比例/%	省（区、市）	重叠管理自然保护地数量/个	自然保护地总数/个	跨部门自然保护地比例/%
安徽	104	356	29	江西	101	438	23
北京	29	91	32	辽宁	72	260	28
福建	71	320	22	内蒙古	57	337	17
甘肃	61	204	30	宁夏	13	62	21
广东	79	631	13	青海	25	103	24
广西	43	205	21	山东	121	583	21
贵州	33	349	9	山西	80	249	32
海南	21	100	21	陕西	50	236	21
河北	77	284	27	四川	96	517	19
河南	106	294	36	天津	4	24	17
黑龙江	133	522	25	西藏	6	102	6
湖北	61	378	16	新疆	40	198	20
湖南	98	473	21	云南	76	346	22
吉林	38	205	19	浙江	69	267	26
江苏	86	255	34	重庆	41	189	22
上海	3	24	12.5				

表 3-5　交叉管理自然保护地比例省份数量分布

类别	比例大于30%（含）	比例介于20%~30%	比例介于10%~20%	比例小于10%
数量/个	5	17	7	2

我国不同区域部门交叉管理的自然保护地数量存在较大差异。部门交叉管理比例较高的自然保护地主要集中在中东部地区，即山西、河南、江苏、安徽等省份所在的太行山区域与淮河流域；其次是北京、河北、辽宁所在的华北区域。而西部与西南省份相对存在部门交叉管理的自然保护地较少，尤其是西藏、贵州两省（区）。

除同一行政辖区内存在不同部门交叉管理同一生态系统外，也存在不同行政辖区间的同一生态系统由不同部门管理的情况。但受现阶段的数据信息收集限制，自然保护地的范围边界文件难以收集，本书未对跨省市保护地的部门分割管理问题进行进一步分析。此问题在森林、海洋、湿地生态系统中均有体现，尤其是在森林和湿地生态系统中问题较为突出。

3. 属地分割管理

因同一生态系统在不同行政辖区的地名有时存在命名差异，因此属地分割管理的自然保护地统计较难。因缺乏全面的自然保护地范围与边界相关地理信息数据，本书仅以同名方法统计属地分割管理保护地数量提供部分参考，属地分割管理的保护地实际数量应比同名统计结果多。如仙居国家公园内的括苍山省级自然保护区，名称分别为仙居与括苍山；又如盐城、大丰自然保护区同属连续的滨海区域，但名称完全不同，因此，仅以完全同名会将其判定为不同区域的自然保护地。

在 8599 个自然保护地中，同名跨省保护地有 121 个，涉及 49 个生态系统。如果考虑以地级行政区为单位，同一生态系统分割到不同县域管理的数量将大量增加，如前文所述的江苏大丰与盐城两个自然保护区，广西崇左、龙岗、恩城三个自然保护区。据初步数据观察，除西部少数省份外，地级市内不同县域间的自然保护地属地分割管理现象普遍存在，即按照当前全国 334 个地级行政区划与 2850 个县级行政区划，则分割管理生态系统的保护地数量会较多，但目前相关信息无法统计，有待国家尺度的保护地数据普查。

因我国行政区划多以山脊与水系为边界，当前属地分割管理在我国第一与第二阶梯分界区、第二与第三阶梯分界区的各大山脉较为明显，其次是大型水系。因此，我国属地分割管理的主要区域分布在太行山、秦岭—大巴山、武陵山、南岭、岷山、横断山、桂黔滇喀斯特区域、长江中下游湖泊、沿海区域等，这些区域也大都是我国重要的国家重点生态功能区。

省际属地分割管理的自然保护地一般分布在大型、连续山脉的森林生态系统，如陕甘川交界区域秦岭—岷山分布有多个大熊猫保护区，仅四川平武县就有 3 个大熊猫自然保护区。而在武陵山区，湘鄂黔贵交界区分布有不同类型自然保护地达 90 个，其中自然保护区 14 个。同一省份不同地级市的属地分割一般在湿地类型生态系统，特别是湖泊与滨海湿地，如洞庭湖当前跨湖南省岳阳、益阳、常德 3 个地级市，被分为东洞庭湖、横岭湖、南洞庭湖、西洞庭湖 4 个自然保护区，其中东洞庭湖、西洞庭湖为国家级，其他两个为省级，同时东洞庭湖、南洞庭湖、西洞庭湖分别列入国际重要湿地名录；鄱阳湖被南昌、九江、景德镇、上饶等 4 个地级市分管，共分布有鄱阳湖与南矶 2 个国家级自然保护区域，以及 17 个省县级保护区。在同一地级市所辖不同县的属地分割管理，一般是完整的同一生态系统，尽管面积不大，也会被分割，如前文所提的洞庭湖，横岭湖与东洞庭湖分属岳阳市的湘阴县、汨罗县、岳阳县、岳阳楼区、君山区等，其中横岭湖为临湘管辖。

也有区域以上 3 种情况均有存在，典型区域如秦岭。首先，整个山脉被陕西、甘肃、河南分割管理；其次，其主峰太白山跨陕西眉县、周至县和太白县，三县共同建立了太白山国家级自然保护区，主要范围在眉县境内；最后，周至县也建立有周至国家级自然保护区，周边则还设立有老县城国家级自然保护区和佛坪国家级自然保护区。以上仅为同一生态系统内国家级自然保护区的状况，在该区域还分布有森林公园、风景名胜区等其他类型保护地。

3.1.4　中国海洋自然保护地现状

我国海洋保护区包括海洋自然保护区、海洋特别保护区（含海洋公园）及管辖海域内的水产种质资源保护区三大类。截至 2016 年年底，我国已建成各类海洋保护区 300 余处，保护面积合计约 19.87 万平方千米，占我国管辖海域面积的 6.6%。

1. 海洋自然保护区

海洋自然保护区是推动海洋生态文明建设、优化海洋空间开发保护格局的重要抓手，在保护海洋生态系统、维护海洋生物多样性等方面具有不可替代的作用。截至 2016 年年底，我国共建立各级海洋自然保护区 156 处，面积约 5.28 万平方千米。其中，国家级海洋自然保护区 34 个，总面积约 2.02 万平方千米。

2. 海洋特别保护区

海洋特别保护区包括海洋特殊地理条件保护区、海洋生态保护区、海洋公园、海洋资源保护区 4 种类型。截至 2016 年年底，我国共选划建立了 88 个各级海洋特别保护区，面积 7 万余平方千米。其中，国家级海洋特别保护区 23 处，面积约 0.29 万平方千米；国家级海洋公园 42 个，面积约 0.42 万平方千米。

3. 海洋水产种质资源保护区

水产种质资源保护区分为国家级和省级，其中国家级水产种质资源保护区是指在国内、国际有重大影响，具有重要经济价值、遗传育种价值或特殊生态保护和科研价值，保护对象为重要的、洄游性的共用水产种质资源或保护对象分布区域跨省（自治区、直辖市）际行政区划或海域管辖权限的，经农业部批准并公布的水产种质资源保护区。截至 2016 年年底，我国已划定海洋国家级水产种质资源保护区 51 处，面积约 7.47 万平方千米。

4. 海洋生态红线区

2012 年国家海洋局印发的《关于建立渤海海洋生态红线制度的若干意见》指出，海洋生态红线制度是指为维护海洋生态健康与生态安全，将重要海洋生态功能区、生态敏感区和生态脆弱区划定为重点管控区域并实施严格分类管控的制度安排。划定海洋生态红线区旨在为区域海洋生态保护与生态建设、优化区域开发与产业布局提供合理边界，实现人口、经济、资源、环境协调发展（黄伟等，2016）。海洋生态红线制度是海洋生态文明建设的重要载体，实施海洋生态红线管理是对海洋资源环境要素实施有效管理、构建海洋生态安全格局的需要。为贯彻落实中央提出的"严守资源环境生态红线，科学划定森林、草原、湿地、海洋等领域生态红线"要求，国家海洋局明确提出全面建立实施海洋生态红线制度，旨在通过建立实施海洋生态红线制度，牢牢守住海洋生态安全根本底线，建立起以红线制度为基础的海洋生态环境保护管理新模式，逐步推动海洋生态环境起稳转好。2016 年，国家海洋局印发《关于全面建立实施海洋生态红线制度的意见》及《海洋生态红线划定技术指南》，指导全国海洋生态红线划定工作，标志着全国海洋生态红线划定工作全面启动。《2016 年中国海洋环境状况公报》显示，全国沿海 11 个省（自治区、直辖市）基本完成红线划定方案，将全国 30%以上的管理海域和 35%以上的大陆自然岸线纳入海洋生态红线管控范围。

3.2　中国自然保护地体系存在的问题

3.2.1　国土空间与国家自然保护地体系规划滞后

我国保护地发展历史长于综合的国土空间规划，由于国土空间规划发展起步较晚，因此尚未对国家自然保护地体系进行统一布局，既缺乏对自然保护地自然生态空间的系统规划与明确定位，也缺乏与自然生态保护相一致的城镇市政发展规划。由此导致我国自然保护地多由部门发起、建设，缺乏国家层面统一的保护地体系法规、政策与标准。

1.　自然保护地的保护成效欠佳

从国家尺度，有系统空间规划的自然保护地仅有自然保护区。在《中国自然保护区发展规划纲要（1996—2010 年）》出台后，环境保护部与国家林业局先后制定了《全国环保系统国家级自然保护区发展规划（1999—2030 年）》与《全国林业自然保护区发展规划（2006—2030 年）》，各自对自然保护区的空间布局与数量做出了规划。1997—2007年，自然保护区数量激增。其他全部类型的自然保护地，均由职能部门与行政辖区各自制定规划，相互之间缺乏沟通与联动，甚至形成部门之间、地方之间的恶性竞争。

尽管自然保护区有一定的空间布局规划，但并未明确到具体的地点与范围边界，未形成具有详细信息的拟建保护区名录，而已经建立的自然保护区边界信息目前仍不完备。依据 2015 年结束的环保公益性行业科研专项经费项目"中国自然保护区基础调查与评估"结果，2014 年年底全国自然保护区总数 2729 个，其中已明确边界的自然保护区仅有 1657 个，包括 428 个国家级自然保护区、693 个省级自然保护区、172 个市级自然保护区和 364 个县级自然保护区（徐网谷等，2016）。当前最新的自然保护区边界信息尚无文献可循。

由于缺乏详尽的自然保护地优先建设区域分析，保护地的建设未能与保护需求完全匹配，因此在我国保护地迅速增长的同时，其保护成效却并未让人满意。中国是保护国际（CI）1998 年提出的 17 个超级生物多样性国家之一，在不同的生物多样性国家排名中一般位于前 10 名。世界自然基金会（WWF）《地球生命力报告·中国 2015》指出，中国作为具有丰富生物多样性国家的同时，也是全球生物多样性丧失最为严重的国家之一。

2. 自然保护地缺乏有效的管理制度

从四大类生态系统来看，中国的森林、草地、湿地和海洋均面临着不同程度的威胁，包括已建保护地范围内的生态系统，亟须提高已建保护地的保护质量。当前国土空间规划中缺乏对保护地体系中的优先保护区域、不可替代性等的评估，以确定保护空缺并统一空间布局。2005 年以后，不同自然保护地类型更加多样，保护地的建设与管理进一步分化，"部门分治，地方合治"的现象更加严重，使得当前我国保护地管理有效性难以得到保障。

在管理的规范与标准方面，不同类型、不同级别的自然保护地管理主体通常各自制订自然资源保护与保护地管理的技术标准与管理方式，导致相同类型、相同保护对象、相同保护价值的生态系统因管理部门不同，而存在巨大的管理差异。由于缺乏统一的国家自然保护地分类标准、等级划分、建设与管护标准等，保护地生态系统的自然属性未得到充分认识和尊重，保护地管理的科学性受到了较大影响，不同部门在保护地管理上存在各自为政甚至相互竞争、排斥的现象，因此难以从宏观上、总体上对全国的资源状况进行科学的分类管理。

究其根源，则是缺乏统一的自然保护地治理体系。如在法规方面，中国目前尚没有一部自然保护的综合类基本法，也没有一部针对特定类型自然保护地的法律，保护地相关法规的法律位阶低于众多的单一资源主体法律，如《水法》《森林法》《野生动物保护法》等。此外，在政策制定上，虽然生态文明战略为自然保护地的建设提供了契机，但不同部门之间单独制定保护地政策的局面仍然存在。

综上所述，现有自然保护地体系亟须新的机制和政策保障，以保护地治理体系为根本，对国土空间布局进行规划，并对全部保护地提出统一的管理标准，以满足当前国土生态安全与绿色发展的需求，适应生态文明建设的形势。

3.2.2　生态系统破碎化现象严重

山水林田湖草海是一个生命共同体。生态系统的生态组分、生态过程具有其固有的时空格局，其组分的分布与相互作用过程在空间上是一个整体，生态系统的保护应充分考虑其完整性。针对单一组分的资源保护、管理或利用，以及针对单一片区的管理，会造成生态系统破碎化，无法有效发挥其生态系统服务功能。

1. 部门交叉、多头管理造成生态系统要素管理破碎化

由于我国行政管理机制设置以资源类型为主导，形成了典型的农林水土等不同资源为主要管理对象的政府部门体系。由此，也就形成了各部门从单一生态系统要素出发的管理思路，其主要管辖的资源类型成为该部门保护地的单一保护对象或资源利用对象，包括野生动物、森林、湿地、景观、遗迹等；或其主要管辖的服务需求仅关注保护地的某一特定生态系统服务，如供水、旅游等。这一特点导致现有自然保护地的命名方式也按管理部门的职能命名。即便是对于较为综合的自然保护区，其命名也往往标明其主要保护对象，无论是物种还是生态系统。依据 8599 个自然保护地统计结果，当前有 1891 个保护地存在部门交叉管理情况，占统计保护地总数的 22%，即每 5 个保护地中有 1 个存在部门交叉的多头管理情况。1891 个交叉管理保护地实际管辖了 811 个生态系统，对这些生态系统的管理存在要素破碎化的现象。

不同职能部门其自然保护地往往采取要素式的管理模式，从一定程度上体现了管理部门的行业领域专业性，但也带来了生态系统结构上的破碎化。生态系统是一个高度复杂的综合系统，任何一块区域都无法将森林、湿地、物种、水文、景观、地质等因素隔离开。若缺乏生态系统整体性概念，仅以目标自然资源为导向设置保护地，就不能覆盖完整生态系统，甚至对目标自然资源至关重要的关键自然资源也未纳入保护关注。以要素为单元进行管理，不可避免地导致了同一自然保护地由多个部门管理。程序上重复上报、地域上缺乏整合，各类自然保护地之间交叉重叠、破碎管理、功能不清、政出多门、多头管理的现象在目前的保护地中并不鲜见。在某些情况下，价值较高的自然保护地也存在"一地多牌多主"的现象。如前所述，这种现状导致当前部门之间甚至部门内部存在大量的自然保护地交叉管理与重复设置问题。

2. 属地分割造成生态系统空间管理破碎化

我国的自然保护地均为属地管理体制，由此形成了以单一管辖片区为出发点的保护地范围划定方式，分级管理弱于属地管理。一方面，跨多个属地的同一生态系统，因属地分割由多个地方政府管辖；另一方面，同一类型自然保护地，在不同区域因属地政府的分工设置，交由不同类型的职能部门管理。依据前文分析，当前统计到的 8599 个自然保护地中，省界区域同名保护地有 121 个，涉及 49 个生态系统为省际属地分割管理。如果将 2850 个县级行政单位逐个统计分析，属地分割自然保护地的数量将成倍增加。

实际运行中，我国自然保护地的分级管理体系只是停留在名义上。大部分自然保护地，无论是国家级还是地方级，其管理权均在地方政府。不仅人事任免主要由地方政府的有关职能部门负责，而且主要的经费一般也都来自省、市、县级地方政府。通常国家对国家级保护地的财政拨款会相对较多，主要用于基础设施建设以及专项经费，但其他资金来源基本由所在地的政府负责。而地方级保护地则很难申请到国家的拨款，其人头费、事业费以及野生动物危害赔偿费等各项费用都主要由与自然保护地级别相对应的地方政府提供。

名义分级管理体制导致自然保护地管理机构的财权事权不相称，也给地方政府带来了巨大压力。地方政府不仅承担着自然保护地的财政和人事，还要负责保护地的实际运作。而与这种名义分级管理不相称的，是国家实行的分税制财政管理体制。我国的分税制开始于 1994 年，其本质是提高中央财政收入占整个财政收入的比重，目的是加强中央政府对税收来源的控制、提高地方政府征税的积极性。这一制度直接导致了中央对地方政府的财政投资日益减少，地方政府的收入逐渐走低。迫于发展压力，地方政府不得不将其目光投向市场，寻求各种市场化条件下的经营性收入，以创收求发展。在此背景下，自然生态环境的保护被边缘化，地方政府不但不能很好地成为环境的守卫者，在某些情况下反而成为资源的掠夺者，保护地的公益性也就无法保证。

3. 缺乏生态系统联通性认识

除直接接壤的联通外，自然保护地的生态系统之间也存在多种多样的联通方式，如通过迁徙物种、集合种群物种等生物联系，或通过地下水、植被廊道等。当前的自然保护地设置往往只以现存生态系统为目标范围，而对存在生物地球化学联系的周边保护地或存在远距离生物联系的保护地并无统筹考虑。

具体表现为尽管存在明显的物种联系，但比邻的自然保护地群各自独立设置；或同属迁飞或洄游路线的生态系统，未考虑整体的空间布局。

3.2.3　难以协调保护与发展的矛盾

当前我国的自然保护地功能定位简单，大多在管理实践中对保护与发展持互斥理念，未能综合统筹、协调生态系统服务需求。大部分自然保护地均承担了旅游功能，但依据传统理念，保护地以保护为主，景区与公园以旅游为主。由此形成了保护区不能发展旅游、景区与公园几乎忽视保护的局面，自然保护地的功能定位简单，保护地管理系统的分类也同样简单、模糊。由于不能正视自然保护地的多种功能，各保护地的设立标准与管制办法对面积、功能分区等进行了不切实际的规定，一方面限制了保护地的可选空间，另一方面也影响了保护地原有居住人口的生产生活。

除 2740 个自然保护区、523 个国家水产种质资源保护区、618 个饮用水水源地及少量其他保护区外，我国其余类型自然保护地名称中均含有"风景"或"公园"，即我国60%以上的保护地具有大众旅游的功能。

一方面，风景名胜区是与其他类型自然保护地交叉数量最多的保护地，其与森林公园、自然保护区、地质公园等保护地的大量交叉，说明保护地所在的生态系统具有很高的旅游价值。另一方面，我国 247 个 5A 级景区中，58.7%为自然保护地。自然保护区也在其中，其比例高达 15.79%。此外，国家生态旅游示范中的自然保护地数据分析结果表明，拥有自然保护区与风景名胜区的生态旅游示范区分别占 53%与 37%。而 500 个国家全域旅游示范区内共有保护地 1018 个，覆盖保护地的 39%。上述数据表明，我国的自然保护地是旅游的主要载体，然而保护地的功能定位并未能平衡保护与旅游活动。

另外，《自然保护区条例》采用三圈功能分区模式，已难以适应当前的社会发展与生态保护形势。部分保护物种在上千年的进化中，形成了与人类活动相关的栖息地选择偏好，如稻田。而完全排斥生态系统社区发展的功能，直接取消人为活动，也会影响保护物种的栖息。

中国是一个发展中的人口大国，中国的自然保护地事业必须要放在人口基数庞大、发展需求迫切的大背景下考虑。具有重大生态价值的自然资源多处于地理位置偏远的乡村区域，多数自然保护地在建立初期其周围的社区就极为贫困，保护与发展从保护地建立伊始就已然成为一对矛盾体。然而，自然保护地建设发展了几十年，这一矛盾依然存在，保护地所在地区的社会发展依然相对落后。以自然保护区为例，2010 年的数据显示，国家级贫困县总数为 600 个，其中有 3/4 的县与自然保护区毗邻，而就保护区本身而言，约有一半都位于贫困县之中，保护区社区居民的收入与全国平均水平相比有很大差距。因此，协调保护地的保护与发展功能，是非常重要的任务。

3.2.4　海洋生态保护面临的问题

1. 相关法律法规体系有待完善

目前，我国现有海洋保护区法规体系是多部门立法。《全国生态保护与建设规划

（2013—2020 年）》的实施，促进了海洋保护区法律法规之间的协同性，实现了与相关规划的有效衔接，将海洋保护区纳入国家生态保护与建设总体格局，确定了"一带四海十二区"的海洋生态保护与建设的总体布局。但整体来看，我国海洋保护区的法律法规仍然存在内容不完善、法律地位低、可操作性不强等问题（曾江宁等，2016）。

2. 部分保护区保护对象单一、缺少实质性保护

一些保护区保护对象单一，不符合保护生态系统完整性的内在要求。海洋调查的长期性与快速变化不匹配，全海域海洋生物信息不完整，已有的海洋保护区监测不能满足多样性全面分析比较的需要。行政区划的变化导致保护区管理与建设脱节，保护区工作延续性受到影响，造成保护区资源环境状况不清晰。

3. 海洋保护区面临日益严峻的开发压力

长期以来，我国对于海洋的开发存在"重近岸开发，轻深远海利用；重空间开发，轻海洋生态效益；重眼前利益，轻长远发展谋划"的现象。全国多地海洋保护与资源开发还未步入可持续发展的正轨，表现为对海洋"重索取，轻保护""只保护，不开发"，对保护区"规而不建，建而不管""不赋予管理机构实际管制权"等畸形现象，甚至有地方政府为发展经济大力压缩已设立的保护区范围，降低保护力度（刘洪滨，2015；苑克磊等，2015）。

4. 部分保护区环境污染严重

近年来，中国近岸海域总体污染程度依然较高，相当一部分海域生态系统处于亚健康状态，部分保护区水质超标，达不到一类水质要求，削弱了保护区的生态系统服务和生态安全屏障作用。

3.3　中国自然保护地体系分类

由于中国保护地类型多、数量大、面积广、管理复杂，及其存在的其他诸多问题，根据不同保护地的保护目标与管理要求，参考 IUCN 保护地管理分类体系与自然保护地管理建设发达的国家经验，梳理我国现有自然保护地，并根据保护与管理目标进行分类，

构建中国自然保护地体系，也有利于与国际自然保护地管理体系分类的衔接。参考 IUCN 的保护地管理分类体系（Nigel Dudley，2016），以及国际上其他国家自然保护地分类的经验，从管理的角度，我国自然保护地可以分为七个类型，即自然保护区、国家公园、物种与种质资源保护区、自然遗迹保护区、自然景观保护区、自然资源可持续利用保护区、生态功能保护区。

3.3.1　中国现有自然保护地类型、保护目标与定位

我国建立了自然保护区、风景名胜区、地质公园、森林公园、湿地公园与水利风景区等不同类型的保护地。各部门对所建立的自然保护地的保护目标与定位做了基本的规定，为构建我国自然保护地体系提供了基础。

1.　自然保护区

根据《自然保护区条例》（中华人民共和国国务院，1994）的规定，自然保护区是指对有代表性的自然生态系统、珍稀濒危野生动植物物种的天然集中分布区、有特殊意义的自然遗迹等保护对象所在的陆地、陆地水体或者海域，依法划出一定面积予以特殊保护和管理的区域。重点保护：（1）典型的自然地理区域、有代表性的自然生态系统区域以及已经遭受破坏但经保护能够恢复的同类自然生态系统区域；（2）珍稀、濒危野生动植物物种的天然集中分布区域；（3）具有特殊保护价值的海域、海岸、岛屿、湿地、内陆水域、森林、草原和荒漠；（4）具有重大科学文化价值的地质构造、著名溶洞、化石分布区、冰川、火山、温泉等自然遗迹；（5）经国务院或者省、自治区、直辖市人民政府批准，需要予以特殊保护的其他自然区域。

《自然保护区条例》第二十六条规定"禁止在自然保护区内进行砍伐、放牧、狩猎、捕捞、采药、开垦、烧荒、开矿、采石、挖沙等活动"；第三十二条规定"在核心区与缓冲区不得建设任何生产设施"。第二十七条与第二十八条规定，禁止任何人进入自然保护区的核心区。禁止在自然保护区的缓冲区开展旅游和生产经营活动。因科学研究与教学需要，必须进入核心区和缓冲区从事科学研究观测、调查活动的，"应当事先向自然保护区管理机构提交申请和活动计划，并经省级以上人民政府有关自然保护区行政主管部门批准"。根据第二十九条规定，可以在自然保护区的实验区开展参观、旅游活动，但需要省级以上自然保护区行政主管部门批准。

2. 自然保护小区

为了加强对面积小、生物多样性与生态服务功能意义较大区域的保护，国家林业局推动了自然保护小区的建设。自然保护小区通常保护面积较小，由县级以下（含县级）的行政机关设定保护。根据《国家林业局关于加强自然保护区建设管理工作的意见》（林护发〔2005〕55 号）的规定，沿海地区应重点划建滨海湿地和红树林保护区；集体林区、人口稠密地区，在群众自愿的基础上，把有重要价值的珍稀物种栖息地、风景林、水源林等，划建为自然保护小区和保护点。广东、福建、广西、湖北等省（区）也相继出台了关于自然保护小区的相关政策制度，如《广东省社会性、群众性自然保护小区暂行规定》（广东省政府，1993）。自然保护小区设立的目的是保护原始环境，维持生态平衡，其建立需具备下列条件之一：（1）国家重点保护野生动物的主要栖息地、繁殖地、珍贵植物原生地；（2）有益的和有重要经济、科学研究价值的野生动物栖息繁殖地；（3）候鸟越冬地和迁徙停歇地；（4）有保存价值的原始森林、原始次生林和水源涵养林；（5）有特殊保护价值的地形地貌、人文景观、历史遗迹地带；（6）机关、部队、企事业单位的风景区、旅游点、绿化地带；（7）自然村的绿化林和风景林；（8）烈士纪念碑、烈士陵园林地。并规定，禁止在保护小区进行砍伐、狩猎、采药、开垦、烧荒、开矿、采石、挖沙等活动；不得在保护小区内建立机构或修筑设施。

3. 种质资源保护区

农业部门为了保护各类农业种质资源，建立了种质资源原位保护区和水产种质资源保护区。

（1）农作物种质资源保护区：根据《农作物种质资源管理办法》（农业部，2003）的规定，农作物种质资源保存实行原生境保存和非原生境保存相结合的制度。原生境保存包括建立农作物种质资源保护区和保护地，在重要农作物野生种及野生近缘植物原生地以及其他农业野生资源富集区建立种质资源保护区，禁止采集或采伐列入国家重点保护野生植物名录的野生种、野生近缘种、濒危稀有种和保护区、保护地、种质圃内的农作物种质资源。

（2）水产种质资源保护区：根据农业部《水产种质资源保护区管理暂行办法》（农业部，2010）的规定，水产种质资源保护区是指为保护水产种质资源及其生存环境，在具有较高经济价值和遗传育种价值的水产种质资源的主要生长繁育区域，依法划定并予以特殊保护和管理的水域、滩涂及其毗邻的岛礁、陆域。水产种质资源保护区的建立需具备下列条件：a. 国家和地方规定的重点保护水生生物物种的主要生长繁育区域；b. 我国特有或者地方特有水产种质资源的主要生长繁育区域；c. 重要水产养殖对象的原种、苗种的主要天然生长繁育区域；d. 其他具有较高经济价值和遗传育种价值的水产种质资源的主要生长繁育区域。

《水产种质资源保护区管理暂行办法》规定，在国家级和省级水产种质资源保护区主要保护对象的繁殖期、幼体生长期等生长繁育关键阶段设定特别保护期。特别保护期内不得从事捕捞、爆破作业以及其他可能对保护区内生物资源和生态环境造成损害的活动。禁止在水产种质资源保护区内从事围湖造田、围海造地或围填海工程。禁止在水产种质资源保护区内新建排污口。严格控制在水产种质资源保护区内从事修建水利工程、疏浚航道、建闸筑坝、勘探和开采矿产资源、港口建设等工程建设。

4. 地质公园

根据《地质遗迹保护管理规定》（国土资源部，1995）和《国家地质公园规划编制技术要求》（国土资源部，2010）的规定，国家地质公园是以具有国家级特殊地质科学意义、较高的美学观赏价值的地质遗迹为主体，并融合其他自然景观与人文景观而构成的一种独特的自然区域。对具有国际、国内和区域性典型意义的地质遗迹，可建立国家级、省级、县级地质遗迹保护区、地质遗迹保护段、地质遗迹保护点或地质公园。地质公园的建设目的：第一，保护地质遗迹，保护自然环境；第二，普及地球科学知识，促进公众科学素质提高；第三，开展旅游活动，促进地方经济与社会可持续发展。

并规定"任何单位和个人不得在保护区内及可能对地质遗迹造成影响的一定范围内进行采石、取土、开矿、放牧、砍伐以及其他对保护对象有损害的活动。未经管理机构批准，不得在保护区范围内采集标本和化石"。也不得在保护区内修建与地质遗迹保护无关的厂房或其他建筑设施；对已建成并可能对地质遗迹造成污染或破坏的设施，应限期治理或停业外迁。可根据地质遗迹的保护程度，批准单位或个人在保护区范围内从事科研、教学及旅游活动。

5. 风景名胜区

《风景名胜区条例》（国务院，2006）规定，风景名胜区是指具有观赏、文化或者科学价值，自然景观、人文景观比较集中，环境优美，可供人们游览或者进行科学、文化活动的区域。自然景观和人文景观能够反映重要自然变化过程和重大历史文化发展过程，基本处于自然状态或者保持历史原貌，具有国家代表性的，可以申请设立国家级风景名胜区。

《风景名胜区条例》还规定：在风景名胜区内"禁止开山、采石、开矿、开荒、修坟立碑等破坏景观、植被和地形地貌的活动；修建储存爆炸性、易燃性、放射性、毒害性、腐蚀性物品的设施"。"禁止违反风景名胜区规划，在风景名胜区内设立各类开发区和在核心景区内建设宾馆、招待所、培训中心、疗养院以及与风景名胜资源保护无关的其他建筑物；已经建设的，应当按照风景名胜区规划，逐步迁出。在国家级风景名胜区内修建缆车、索道等重大建设工程，项目的选址方案应当报国务院建设主管部门核准"。

6. 森林公园

《森林公园管理办法》（国家林业局，1993）和《国家级森林公园管理办法》（国家林业局，2011）规定，森林公园，是指森林景观优美，自然景观和人文景物集中，具有一定规模，可供人们游览、休息或进行科学、文化、教育活动的场所；国家级森林公园：森林景观特别优美，人文景物比较集中，观赏、科学、文化价值高，地理位置特殊，具有一定的区域代表性，旅游服务设施齐全，有较高的知名度。国家森林公园的主体功能是保护森林风景资源和生物多样性、普及生态文化知识、开展森林生态旅游。

森林公园的设施和景点建设，必须按照总体规划设计进行。"在珍贵景物、重要景点和核心景区，除必要的保护和附属设施外，不得建设宾馆、招待所、疗养院和其他工程设施"。"禁止在森林公园毁林开垦和毁林采石、采砂、采土以及其他毁林行为"。"按照林业法规的规定，做好植树造林、森林防火、森林病虫害防治、林木林地和野生动植物资源保护等工作"。

7. 湿地公园

《国家湿地公园管理办法（试行）》（国家林业局，2010）规定，湿地公园是指以保护湿地生态系统、合理利用湿地资源为目的，可供开展湿地保护、恢复、宣传、教育、科研、监测、生态旅游等活动的特定区域。湿地公园建设是国家生态建设的重要组成部分，属社会公益事业。国家鼓励公民、法人和其他组织捐资或者志愿参与湿地公园保护工作。国家湿地公园的建立需具备下列条件：（1）湿地生态系统在全国或者区域范围内具有典型性；或者区域地位重要，湿地主体功能具有示范性；或者湿地生物多样性丰富；

或者生物物种独特。（2）自然景观优美和（或者）具有较高历史文化价值。（3）具有重要或者特殊科学研究、宣传教育价值。

国家湿地公园内禁止开（围）垦湿地、开矿、采石、取土、修坟以及生产性放牧、商品性采伐林木、猎捕鸟类和捡拾鸟卵等行为。禁止从事房地产、度假村、高尔夫球场等任何不符合主体功能定位的建设项目和开发活动。

8. 沙漠公园

《国家沙漠公园试点建设管理办法》（国家林业局，2013）和《国家沙漠公园发展规划（2016—2025年）》（国家林业局，2016）规定，沙漠公园是以沙漠景观为主体，以保护荒漠生态系统为目的，在促进防沙治沙和保护生态功能的基础上，合理利用沙区资源，开展公众游憩、旅游休闲和进行科学、文化、宣传和教育活动的特定区域。

沙漠公园是为了保护荒漠生态系统的完整性划定的，需要特殊保护和管理，并适度利用其自然景观，开展生态教育、科学研究和生态旅游的自然区域，它既强调了保护的根本属性，也不排斥适度的利用，较好地处理了自然生态保护和资源合理利用的矛盾。

9. 水利风景区

《水利风景区管理办法》（水利部，2004）规定，水利风景区是指以水域（水体）或水利工程为依托，具有一定规模和质量的风景资源与环境条件，可以开展观光、娱乐、休闲、度假或科学、文化、教育活动的区域。水利风景区以培育生态，优化环境，保护资源，实现人与自然的和谐相处为目标，强调社会效益、环境效益和经济效益的有机统一。

水利风景区内禁止各种污染环境、造成水土流失、破坏生态的行为，禁止存放或倾倒易燃、易爆、有毒、有害物品。在水利风景区内从事养殖及各种水上活动、采集标本或野生药材，以及开展各种商业经营活动，应当经水利风景区管理机构同意，并报有关行政主管部门批准。

10. 海洋公园

《海洋特别保护区管理办法》（国家海洋局，2005）规定，海洋特别保护区分为海洋特殊地理条件保护区、海洋生态保护区、海洋公园、海洋资源保护区等类型；其中，为保护海洋生态与历史文化价值，发挥其生态旅游功能，在特殊海洋生态景观、历史文化遗迹、独特地质地貌景观及其周边海域建立海洋公园。

《海洋特别保护区管理办法》还规定：海洋公园应当科学确定旅游区的游客容量，合理控制游客流量，加强对自然景观和旅游景点的保护。禁止超过允许容量接纳游客和在没有安全保障的区域开展游览活动。禁止开设与海洋公园保护目标不一致的参观、旅游项目。海洋公园内可以建设管护、宣教和旅游配套设施，设施建设必须按照总体规划实施，并与景观相协调，不得污染环境、破坏生态。重点保护区、重要景观及景点分布区，除必要的保护和附属设施外，不得建设宾馆、招待所、疗养院和其他工程设施。

11. 生态保护红线

根据《关于划定并严守生态保护红线的若干意见》（中共中央办公厅，国务院办公厅，2017），生态保护红线是指在生态空间范围内具有特殊重要生态功能、必须强制性严格保护的区域，是保障和维护国家生态安全的底线和生命线，通常包括具有重要水源涵养、生物多样性维护、水土保持、防风固沙、海岸生态稳定等功能的生态功能重要区域，以及水土流失、土地沙化、石漠化、盐渍化等生态环境敏感脆弱区域。划定并严守生态保护红线的总体要求是，"要以改善生态环境质量为核心，以保障和维护生态功能为主线，实现一条红线管控重要生态空间，确保生态功能不降低、面积不减少、性质不改变，维护国家生态安全，促进经济社会可持续发展"。

生态保护红线是国土空间开发的底线，在空间规划中处于优先地位，生态保护红线划定后，相关规划要符合生态保护红线空间管控要求，不符合的要及时进行调整。生态保护红线原则上按禁止开发区域的要求进行管理。严禁不符合主体功能定位的各类开发活动，严禁任意改变用途。生态保护红线划定后，只能增加、不能减少，因国家重大基础设施、重大民生保障项目建设等需要调整的，由省级政府组织论证，提出调整方案，经环境保护部、国家发展和改革委员会会同有关部门提出审核意见后，报国务院批准。

12. 生态功能保护区

《国家重点生态功能保护区规划纲要》（环境保护部，2007）规定，生态功能保护区是指在涵养水源、保持水土、调蓄洪水、防风固沙、维系生物多样性等方面具有重要作用的重要生态功能区内，有选择地划定一定面积予以重点保护和限制开发建设的区域。主要目标在于合理布局国家重点生态功能保护区，建设一批水源涵养、水土保持、防风固沙、洪水调蓄、生物多样性维护生态功能保护区，形成较完善的生态功能保护区建设体系，建立较完备的生态功能保护区相关政策、法规、标准和技术规范体系，使我国重要生态功能区的生态恶化趋势得到遏制，主要生态功能得到有效恢复和完善，限制开发区有关政策得到有效落实。

13. 公益林

根据《国家级公益林管理办法》（国家林业局，财政部，2013）、《国家公益林认定办法（暂行）》（国家林业局，财政部，2013）与《国家级公益林区划界定办法》（国家林业局，财政部，2017），公益林是以发挥生态效益为主的防护林和特种用途林。国家级公益林是指生态区位极为重要或生态状况极为脆弱，对国土生态安全、生物多样性保护和经济社会可持续发展具有重要作用，以发挥森林生态和社会服务功能为主要经营目的的重点防护林和特种用途林。公益林的区划界定需遵循以下原则：（1）生态优先、确保重点，因地制宜、因害设防，集中连片、合理布局，实现生态效益、社会效益和经济效益的和谐统一；（2）尊重林权所有者和经营者的自主权，维护林权的稳定性，保证已确立承包关系的连续性。

《国家级公益林管理办法》规定："一级国家级公益林原则上不得开展生产经营活动，严禁林木采伐行为"。"国有一级国家级公益林，不得开展任何形式的生产经营活动"。"集体和个人所有的一级国家级公益林，以严格保护为原则"。

《国家级公益林管理办法》还规定："在不破坏森林生态系统功能的前提下，可以合理利用二级国家级公益林的林地资源，适度开展林下种植养殖和森林游憩等非木质资源开发与利用，科学发展林下经济"。"三级国家级公益林应当以增加森林植被、提高森林质量为目标，加强森林资源培育，科学经营、合理利用"。"东北、内蒙古重点国有林区的二、三级国家级公益林经国家林业局批准可进行抚育和更新性质的采伐"。

一级国家公益林为严格保护地，二级与三级国家公益林是在保护生态功能的前提下，可以开展林业资源科学合理利用。

14. 饮用水水源保护区

《饮用水水源保护区划分技术规范》（国家环境保护总局，2007）规定，饮用水水源保护区是指国家为防治饮用水水源地污染、保证水源地环境质量而划定，并要求加以特殊保护的一定面积的水域和陆域。

3.3.2　构建中国自然保护地体系分类

为解决我国自然保护地管理体系缺失，功能定位差别不明确的问题，以国家公园体制建设为契机，根据我国现有的自然保护地实际情况，参考 IUCN 自然保护地管理分类体系，对我国各类自然保护地保护目标与管理要求进行分析和梳理，根据如下四个原则构建我国自然保护地分类体系：

（1）保护对象对人类活动和资源利用的敏感性：对人类活动高度敏感的保护对象严格保护，如濒危动植物物种栖息地，对包括旅游、生物资源利用在内的人类活动敏感，保护要求高，应建设自然保护区。

（2）现有自然保护地类型的保护目标与定位：充分保留已有自然保护地建设成果，尊重现有自然保护地体系，进一步明晰现有各类自然保护地定位和保护目标，并将保护目标相近的归为同类。如将水源保护地、生态公益林一级区等保护生态功能为主的自然保护地归类为生态功能保护区。

（3）自然保护地管理的严格程度与资源利用方式：构建的自然保护地体系中，应将具有相通或相似保护严格程度的自然保护地归为同类，将资源利用方式相似的自然保护地类型归为同类。如森林公园、湿地公园、地质公园、风景名胜区等以保护和利用自然景观为基础，为人们提供游憩场所的自然保护地归并为自然景观保护区。

（4）尽可能与国际自然保护地管理分类衔接：为了便于国际自然保护地统计与交流，在我国现有自然保护地体系的基础上，尽可能与国际自然保护地体系分类衔接。借鉴其他国家的自然保护地分类方法，系统分析与比较 IUCN 自然保护地分类体系与我国现有各类自然保护地的保护目标与功能定位，建立我国自然保护地体系分类。

根据上述原则，将我国自然保护地分为七大类（表 3-6），第 I 类为自然保护区，包括目前我国的自然保护区和自然保护小区；第 II 类为国家公园；第 III 类为物种与种质资源保护区，包括目前的水产种质资源保护区和种质资源原位保护区；第 IV 类为自然遗迹保护区，包括地质公园和自然遗迹类自然保护区；第 V 类为自然景观保护区，包括风景名胜区、森林公园、湿地公园、水利风景区、沙漠公园、海洋特别保护区（含海洋公园）等；第 VI 类为生态功能保护区，包括生态保护红线、重点生态功能保护区、饮用水水源保护区、国家一级公益林等；第 VII 类为自然资源的可持续利用保护区，在自然资源不受损害的前提下，可以合理开发利用的区域，包括国家二级、三级公益林和省级公益林。

表 3-6　　中国保护地管理体系分类与 IUCN 管理体系的关系

新保护地体系	现有类别	IUCN 类别
第Ⅰ类：自然保护区	自然保护区	第Ⅰ类：严格保护（Ⅰa 严格自然保护地和Ⅰb 荒野保护地）
	自然保护小区	
第Ⅱ类：国家公园	国家公园	第Ⅱ类：国家公园
第Ⅲ类：物种与种质资源保护区	水产种质资源保护区	第Ⅳ类：栖息地/物种管理区
	种质资源原位保护区	
第Ⅳ类：自然遗迹保护区	地质公园	第Ⅲ类：自然文化遗迹或地貌
	自然遗迹类自然保护区	
第Ⅴ类：自然景观保护区	风景名胜区	第Ⅴ类：陆地景观/海洋景观保护地
	森林公园	
	湿地公园	
	水利风景区	
	沙漠公园	
	海洋特别保护区（含海洋公园）	
第Ⅵ类：生态功能保护区	生态保护红线	
	重点生态功能保护区（国家一级）公益林	
	饮用水水源保护区	
第Ⅶ类：自然资源的可持续利用保护区	国家二级、三级公益林和省级公益林	第Ⅵ类：自然资源可持续利用自然保护地

3.3.3　中国自然保护地体系功能定位与管理目标

　　基于保护对象的不同，新自然保护地体系内不同类型自然保护地的功能定位和管理目标也存在差异。以现有自然保护地的内涵和功能定位为基础，根据新自然保护地体系的保护目的，明确各类自然保护地的功能定位和管理目标（表 3-7）。

表 3-7　　中国自然保护地体系功能定位与管理目标

保护地类别	功能定位	管理目标	关注点
第Ⅰ类：自然保护区	严格保护珍稀濒危野生动植物重要栖息地、对人类活动高度敏感的生态系统与自然遗迹	严格保护珍稀濒危野生动植物物种及其栖息地，以及对人类活动高度敏感的生态系统、自然遗迹，免受人类活动干扰破坏与退化	珍稀濒危野生动植物物种及其栖息地，对人类活动高度敏感的生态系统与自然遗迹

保护地类别	功能定位	管理目标	关注点
第Ⅱ类： 国家公园	以保护具有国家和区域代表性生态系统和自然景观为主体，并具有自然保护与社会公益、游憩教育的双重功能	为子孙后代留下珍贵的自然遗产，为人们提供亲近自然、认识自然的场所	国家代表性的生态系统、珍稀濒危野生动植物物种和自然景观
第Ⅲ类： 物种与种质 资源保护区	保护农业、畜牧业、水产、林业、中药材等栽培养殖物种的种质资源及其栖息地，为未来农牧林水产业发展与品种改良提供基因资源	保护和恢复种质资源及其栖息地，减少人类活动干扰	主要农作物、水产、畜牧的野生种质资源及其栖息地
第Ⅳ类： 自然遗迹 保护区	保护具有特殊地质意义和重大科学价值的自然遗迹，为人们提供研究自然地质过程和地理过程，以及普及地质与地理知识的场所	有效保护自然遗迹，并面向大众提供科普场所	具有重要科学和景观价值的自然遗迹
第Ⅴ类： 自然景观 保护区	在保护自然生态系统与自然景观的基础上，开展旅游、生态环境教育和科研考察活动，为人们提供亲近自然、认识自然的场所，同时为保护生物多样性和区域生态安全做出贡献	保护自然资源与自然景观，协调保护与合理利用的关系，为人们提供游憩、生态教育的场所	协调保护与旅游开发的关系，自然资源得到永续利用
第Ⅵ类： 生态功能 保护区	保护重要生态功能，保障生态系统产品与服务的持续供给，防止和减轻自然灾害，保障国家和地方生态安全	保护与提高自然生态系统质量，增强生态系统服务功能，保障国家与区域生态安全	提高生态系统质量，增强生态系统服务功能
第Ⅶ类： 自然资源的可持续 利用保护区	保护自然资源，促进自然资源的可持续利用	协调保护自然资源与开发利用的关系，促进自然资源的可持续利用	生物资源的可持续利用

　　不同类型自然保护地的保护目标与定位不同（表 3-8），其保护严格性也有差异（图 3-4）。如第Ⅰ类自然保护地，即自然保护区保护与管理应该最严格，严格限制人类活动，保护珍稀濒危野生动植物及其重要栖息地、对人类活动高度敏感的生态系统与自然遗迹，保护严格性最高。第Ⅱ类自然保护地，在有效保护具有国家和区域代表性生态系统和自然景观的原真性、完整性前提下，可以适度开展旅游活动，为人们提供亲近自然、认识自然的场所，其保护与管理的严格程度仅次于自然保护区。第Ⅲ类自然保护地以保

表 3-8　各类保护地与保护重点对象

保护地名称	珍稀濒危物种保护	代表性生态系统	自然遗迹	自然景观	生态系统服务功能
自然保护区	+++	++	+++		
国家公园	++	+++	++	+++	++
物种与种质资源保护区	++				
自然遗迹保护区			+++		
自然景观保护区		++	++	++	
生态功能保护区	++	++			+++
自然资源的可持续利用保护区	+	+		+	+

注："+"表示保护对象的重要性程度，"+"越多，表示越重要。

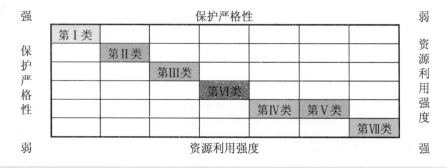

图 3-4　各类保护地的保护严格性与资源利用强度

护种质资源及其栖息地为目标，在严格保护种质资源栖息地基础上，保障种质资源永续繁衍的前提下，可以适当利用种质资源用于农林牧渔等新品种的培育。第Ⅳ类自然保护地在保护自然遗迹不受损害为前提下，也可以发展旅游和观赏活动，保护严格性可以次于前三类自然保护地。第Ⅴ类与第Ⅵ类自然保护地，可以在保护自然资源的基础上，适度利用发展与保护自然资源不冲突的经济社会活动。第Ⅶ类自然保护地以资源可持续利用为目的，不损害自然资源的承载力。

1. 自然保护区

自然保护区的功能定位为严格保护具有原始或极少受到干扰的珍稀濒危动植物物种栖息地、对人类活动高度敏感的生态系统和地质遗迹。管理目标是严格保护，尽可能排除保护地范围内的人类活动。第Ⅰ类自然保护地包括现有需要严格保护的自然保护区和自然保护小区。

2.　国家公园

根据 2015 年 9 月颁布的《生态文明体制改革总体方案》，以及国际上国家公园建设经验，国家公园的功能定位为保护具有国家代表性的自然生态系统、自然景观和珍稀濒危动植物生境原真性、完整性而划定的严格保护与管理的区域，目的是为子孙后代留下珍贵的自然遗产，并为人们提供亲近自然、认识自然的场所。管理目标是严格保护自然生态系统以及自然景观，推动生态教育和生态旅游。

3.　物种与种质资源保护区

物种与种质资源保护区主要目的是保护农作物及其野生近缘植物种质资源、畜禽遗传资源、微生物资源、药用生物物种资源、林木植物资源、观赏植物资源及其他野生植物资源等。其功能定位为保护和管理各类种质资源及其栖息地，为未来农业、畜牧业、林业、渔业和中药材发展与品种改良提供所必需的遗传基因资源。物种与种质资源保护区为第Ⅲ类自然保护地，包括水产种质资源保护区和各类种质资源原位保护区等保护地。

4.　自然遗迹保护区

自然遗迹保护区的主要目的是保护地球在漫长的地质历史演变过程中，所形成的具有重要科学价值或独特景观价值的地貌景观、地层剖面、地质构造、古人类遗址、古生物化石、矿物、岩石、水体和地质灾害遗迹等。其功能定位是保护具有特殊地质意义和重大科学价值的自然遗迹，为人们提供研究自然地质过程和地理过程的场所，并为公众提供普及地质与地理知识的场所。自然遗迹保护区为第Ⅳ类保护地，包括地质公园和自然遗迹类自然保护区等现有保护地。

5.　自然景观保护区

自然景观保护区主要包括以自然资源和自然景观为基础的休憩娱乐或进行科学文化活动的保护地。这个类型的自然保护地的功能定位在保护森林、草地、湿地、海洋等自然生态系统与自然景观的基础上，开展旅游、生态环境教育和科研考察活动，为人们提供亲近自然、认识自然的场所，同时为保护生物多样性和区域生态安全做出贡献。自然景观保护区为第Ⅴ类自然保护地，可以包括风景名胜区、森林公园、湿地公园、水利风景区、沙漠公园、海洋特别保护区（含海洋公园）等现有自然保护地类型。

6. 生态功能保护区

生态功能保护区是指在水源涵养、水土保持、洪水调蓄、防风固沙、海岸防护、生物多样性保护等方面具有重要作用的自然保护地。目的是保护区域重要生态功能，保障生态系统产品与服务的持续供给，防止和减轻自然灾害，保障国家和地方生态安全。生态功能保护区为第Ⅵ类自然保护地，包括重点生态功能保护区、生态保护红线（尚没有纳入现有保护地范围的生态保护红线区域）、国家一级公益林、饮用水水源地与水源保护区等现有自然保护地类型。

7. 自然资源的可持续利用保护区

自然资源的可持续利用保护区是以保护自然资源为基础，可以适度利用的区域，目的是促进自然资源的可持续利用，其功能定位是促进自然资源的可持续利用。自然资源的可持续利用保护区为第Ⅶ类自然保护地类型，可以包括国家二级、三级公益林和省级公益林。

3.4　中国国家公园定义与定位

3.4.1　中国国家公园定义

2015 年 9 月通过的《生态文明体制改革总体方案》提出，建立国家公园体制。加强对重要生态系统的保护和永续利用，改革各部门分头设置自然保护区、风景名胜区、文化自然遗产、地质公园、森林公园等的体制，对上述自然保护地进行功能重组，合理界定国家公园范围。国家公园实行更严格保护，除不损害生态系统的原住民生活生产设施改造和自然观光科研教育旅游外，禁止其他开发建设，保护自然生态和自然文化遗产原真性、完整性。加强对国家公园试点的指导，在试点基础上研究制定建立国家公园体制总体方案。构建保护珍稀野生动植物的长效机制。

根据中国国家公园建设需要及欧美等国家公园发展较成熟的国家经验，同时参考IUCN 国家公园的定义，即"把大面积的自然或接近自然的生态系统保护起来的区域，以保护大范围的生态过程及其包含的物种和生态系统特征，同时，提供环境与文化兼容的精神享受、科学研究、自然教育、游憩和参观的机会"，将中国国家公园定义为：为保护具有国家代表性的自然生态系统、自然景观和珍稀濒危动植物生境原真性、完整性而划定的严格保护与管理的区域，目的是给子孙后代留下珍贵的自然遗产，并为人们提供亲近自然、认识自然的场所，是国家自然保护地的主体。国家公园与自然保护区、物种与种质资源保护区、自然遗迹保护区、生态功能保护区、自然景观保护区等自然保护地共同构成我国自然保护地体系，是保障国家生态安全的基础。

3.4.2　中国国家公园定位

根据以上国家公园的定义，借鉴美国、加拿大、澳大利亚、法国等国家的经验，即将国家公园定位为国家自然保护地体系主要组成部分，以保护具有国家和区域代表性生态系统和自然景观为主体，并具有自然保护与游憩教育的双重功能，因此我国国家公园具有如下四个方面的特征：

1. 国家公园是国家自然保护地类型之一，是国家自然保护地体系的主体

国家公园作为我国新的自然保护地类型，目的是加强对国家代表性的自然生态系统、自然景观和珍稀濒危动植物生境的保护，给子孙后代留下珍贵的自然遗产，并为人们提供亲近自然、认识自然的场所，是国家自然保护地体系的一个重要类型和主要组成部分。国家公园的主体地位应该体现在：一是保护对象是国家最具代表性自然资源和自然遗产；二是面积大，可以较完整地保护生态地理区代表性的生物区系和生态系统过程；三是对现有自然保护体系的完善和空间优化，并提高自然保护地体系对国家与区域生态安全、经济社会可持续发展的支撑能力。

2. 国家公园以保护具有国家代表性生态系统和自然景观为目标

我国生态系统类型多样，具有地球陆生生态系统各种类型，包括森林、草原和草甸、荒漠、湿地、高山冻原与高山垫状等代表性生态系统；同时，我国疆域辽阔、地大物博，复杂的地形地貌和气候条件，以及丰富的生物资源，发育并保存了独特的自然景观。自1956 年我国建立第一个自然保护区以来，为了保护珍稀濒危动植物物种、自然景观与地质遗迹，以及森林、草地、湿地等自然资源和生态系统服务功能，我国建立了自然保护区、风景名胜区、森林公园、地质公园、湿地公园、种质资源保护区、水源涵养区等类

型保护地。但缺乏从生态地理区尺度对代表性生态系统进行系统性、完整性保护的自然保护地类型，根据我国现有各种类型自然保护地的定位和管理目标，并借鉴国际上国家公园定位，建立国家公园保护我国各生态地理区代表性生态系统、生物区系与自然景观，是将宝贵的自然遗产留给子孙后代的重要任务。

3. 国家公园有效保护生态系统结构、过程与功能的完整性

我国生态系统类型多样、结构与过程复杂，通常需要较大面积自然保护地才能有效保护生态系统结构和过程的完整性。由于受分部门和分级管理体制的制约，现有自然保护地体系面临类型多、数量多，总面积大、单个保护地面积小，保护地破碎化，难以实现对生态系统完整性的有效保护。通过国家公园建设，对具有重要保护意义的区域进行统一保护，整合各类保护地，实现生态系统与自然景观的整体保护。

4. 国家公园具有全民公益性

国家公园属于全体人民。国家公园不仅要保护自然生态系统和自然遗产原真性、完整性，给子孙后代留下珍贵的自然遗产。同时，还是公众接触自然、亲近自然、开展生态教育和生态旅游的重要场所。国家公园的保护与休闲游憩的双重功能，是区别于自然保护区和自然景观保护区的主要标志。自然保护区以生物多样性保护为主要目标，兼顾生态教育；自然景观保护区以自然景观原真性为基础，开展休闲游憩活动。

第4章 中国生态系统格局与生态地理分区

确定我国生态系统类型和空间分布，并划定生态系统优先保护区域。我国生态系统类型多样，具有地球陆生生态系统各种类型，包括森林、草原和草甸、荒漠、湿地、高山冻原与高山垫状等生态系统，共计683种类型。本章通过对我国各类生态系统格局的分析，制订优先保护生态系统评价准则，并明确生态系统优先保护区域；从生态系统格局的角度，为我国国家公园确定候选区域提供依据。

4.1 陆地生态系统类型与空间分布

中国生态系统类型多样，包括森林、灌丛、草原和稀树草原、草甸、荒漠、高山冻原以及复杂的农田生态系统等，且每种类型包括多种气候型和土壤型（图4-1）。自然生态系统中，森林生态系统主要有352类，草原和草甸生态系统122类，荒漠生态系统49类，湿地生态系统145类，高山冻原与高山垫状生态系统15类，共计683种类型。

4.1.1 森林生态系统

中国森林生态系统可分为针叶林、阔叶林、竹林、灌丛和灌草丛生态系统。针叶林又可分为寒温性针叶林、温性针叶林、温性针阔混交林、暖性针叶林和热性针叶林；阔叶林可进一步细分为落叶阔叶林、常绿落叶阔叶混交林、常绿阔叶林、硬叶常绿阔叶林、季雨林、雨林、珊瑚岛常绿林。

1. 寒温性针叶林

主要集中分布在我国大兴安岭北部，另有部分分布在我国温带、暖温带、亚热带和热带高海拔地区，并且分布的高度由北向南逐渐上升，在东北的长白山，分布在1100～

1800 米，而到藏南山地则上升到 3000～4300 米。主要分布在凉冷、湿润的生境下，而在高海拔地区的针叶林，能适应寒冷、干燥或潮湿的气候。包括多种落叶松林、云杉、冷杉林和松林在内的 44 种类型。

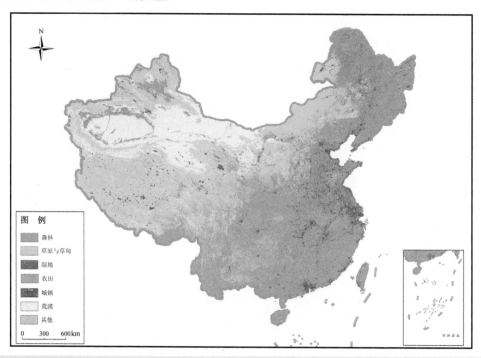

图 4-1　中国生态系统分布图

2. 温性针叶林

主要分布于暖温带的平原、丘陵山地及低山地区，还包括亚热带和热带山中的针叶林。平原、丘陵针叶林要求温和干燥、四季分明、冬季寒冷的气候条件和中性或石灰性的褐色土与棕色土壤。包括巴山松、台湾松、侧柏在内的 9 种类型。

3. 温性针阔混交林

主要分布在东北和西南。分布在东北的是以红松为主的针阔叶混交林，主要生长在长白山、老爷岭、张广才岭、完达山和小兴安岭的低山和中山地带。分布在西南的是以铁杉为主的针阔叶混交林，生长在生境温和、潮湿的西南山地亚高山和中山林区。温性针阔混交林包括 6 种类型。

4. 暖性针叶林

主要分布在亚热带低山、丘陵和平地地区，海拔常为 1000～3000 米。包括马尾松、柳杉、杉木在内的 15 种类型。

5. 热性针叶林

主要分布在我国热带丘陵平地及低山地区，包括海南岛、雷州半岛、广东南部及广西东南部。只包括海南松 1 种类型。

6. 落叶阔叶林

主要分布在北方的平原、丘陵和低中山地区。包括蒙古栎林、辽东栎林、山杨林、白桦林、胡杨林在内的 29 种类型。

7. 常绿落叶阔叶混交林

常绿落叶阔叶混交林是落叶阔叶与常绿阔叶林之间的过渡类型，是亚热带北部典型生态系统类型之一。在北亚热带地区，主要分布在低海拔地区，垂直海拔最高 1800 米；到中亚热带，因适应气温的变化，其分布大多上升到山地。这些地方冬季气温虽低，但绝对气温稍高。优势植物包括栓皮栎、麻栎、青冈、木荷和水青冈等，共有 21 种类型。

8. 常绿阔叶林

常绿阔叶林是我国亚热带地区最具代表性的类型。分布区内水热条件丰富。常绿阔叶林主要由壳斗科、樟科、木兰科、山茶科等植物组成，包括 40 种类型。

9. 硬叶常绿阔叶林

主要分布在川西、滇北的高海拔山地，以及西藏东南的一部分河谷中，金沙江河谷两侧是本类型分布的中心。分布的垂直范围在 2900～4300 米，个别可下延至 2000 米，甚至 1500 米。这些地区主要是寒冷或季节性干热地区。硬叶常绿阔叶林主要由川滇高山栎、黄背栎、光叶高山栎和铁橡栎组成，包括 9 种类型。

10. 季雨林

主要分布在广东、广西、云南和西藏等省（区）的热带地区，海拔在 500～600 米以下，以花岗岩、玄武岩、石灰岩和砂页岩为基质的丘陵台地以及盆地和河谷地区。季雨林主要由木棉、榕树、青皮林等组成，包括 12 种类型。

11. 雨林

主要分布在广东和广西的南部、云南的南部及西藏的东南部地区。其海拔由东向西逐渐上升，东部海拔 500 米以下，到云南西南部上升到 800 米，在西藏的东南部达到 1000 米左右。由青皮、狭叶坡垒、云南龙脑香、鸡毛松等组成，包括 13 种类型。

12. 珊瑚岛常绿林

主要分布在南海诸岛的珊瑚岛上。这些地区为热带海洋性气候，终年高温。包括麻疯桐林、海岸桐林、草海桐林等，共有 5 种类型。

13. 竹林

主要分布在热带、亚热带地区，以长江流域以南海拔 100～800 米的丘陵山地以及河谷平地分布较广，生长最盛。常见的竹林有毛竹、箬竹、箭竹和泡竹等，共有 36 种类型。

14. 灌丛和灌草丛

灌丛包括一切以灌木占优势的生态系统，它在我国的分布很广，从热带到温带，从平地到海拔 5000 米左右的高山都有分布。在高山、亚高山上生长的灌丛，能够适应低温、大风、干燥和长期积雪的气候，其代表性物种有高山柏灌丛、山光杜鹃灌丛和雪层杜鹃灌丛；在温带地区以及亚热带高原山地上分布着的灌丛为落叶阔叶灌丛，组成的灌木种类既不耐寒也不耐热，其代表性物种有榛、胡枝子、蔷薇和绣线菊等；分布在热带、亚热带丘陵低山上的灌丛，性喜暖热，不耐寒冷，其代表性物种有乌饭树、映山红和桃金娘等，包括 98 种类型。

灌草丛广泛分布在热带、亚热带以及温带地区，它们大部分是由森林、灌丛被反复砍伐、火烧，导致水土流失，土壤日益瘠薄，生境趋于干旱化所形成的次生类型。其代表性物种有荆条、五节芒和白茅等，包括 14 种类型。

4.1.2　草原与草甸生态系统

此类生态系统主要包括草原和草甸生态系统以及稀树草原等。中国的草原生态系统可分为草甸草原、典型草原、荒漠草原和高寒草原四大类。草甸生态系统分为典型草甸、高寒草甸、沼泽化草甸和盐生草甸四大类。

1.　草甸草原

集中分布在温带草原区内，是与森林相邻的狭长地带，属草原向森林的过渡地带。此外，草甸草原还见于典型草原地带丘陵阴坡、宽谷以及山地草原带的上侧。主要分布在半湿润地区。由贝加尔针茅、吉尔吉斯针茅、白羊草、羊草和线叶菊等组成，包括 8 种类型。

2.　典型草原

在草原区占有最大面积，集中分布在内蒙古高原和额尔多斯高原大部、东北平原西南部及黄土高原中西部。此外，在阿尔泰及荒漠区的山地也有分布。在荒漠区山地草原带，典型草原的分布高度及垂直带的分布高度随地区不同而变动，气候越干旱，分布界限越高。在准噶尔西部山地，典型草原的垂直分布带高度下限为 1300～1400 米，上部 2000～2100 米；在比较干旱的北塔山，其分布界限上升到 1600～2200 米，垂直带的宽度在 600～700 米；在更加干旱的天山南坡，其下限升至 2100 米以上，而且带的宽度也变窄；在极干旱的山地上，这一带则完全消失。本类型中以丛生禾草占绝对优势，主要包括大针茅、克氏针茅、长芒草、针茅、羊草等，共有 16 种类型。

3.　荒漠草原

处于温带草原区的西侧，以狭带状呈东西—西南方向分布，往西逐渐过渡到荒漠区。气候上处于干旱和半干旱区的边缘地带。在荒漠区的山地草原带，荒漠草原占据了山地草原带的最下部，带谱宽度在天山以北各地 300～400 米，天山南坡 100～200 米，在最干旱的昆仑山东段和阿尔金山，荒漠草原只有零星片段分布。本类型包括戈壁针茅、短花针茅、沙生针茅、东方针茅、高加索针茅等，共有 13 种类型。

4. 高寒草原

本类型是海拔 4000 米以上、大陆性气候强烈、寒冷而干旱地区所特有的一种草原类型。主要分布在青藏高原、帕米尔高原以及天山、昆仑山和祁连山等亚洲中部高山。在新疆天山等各大山地，常呈垂直带出现；而在青藏高原的高原面上，分布幅度较为宽广，具有高原地带性分布特征。在垂直分布高度上，由北往南随纬度的降低和旱化的加强而逐步上升。在阿尔泰山和天山北坡分布在海拔 2300 米森林带以上，到青海西部高原和西藏羌塘高原则上升到海拔 4200～5300 米。高寒草原以寒旱生丛生禾草为主，包括克氏羊茅、假羊茅、座花针茅、紫花针茅和羽诸柱针茅等，共有 10 种类型。

5. 典型草甸

本类型主要由典型中生型植物组成，是适应中湿、中温环境的一类草甸生态类型。主要分布于温带森林区域和草原区域，也见于荒漠区和亚热带森林区海拔较高的山地。在温带森林区域，分布于林缘、林间空地及遭反复火烧或砍伐的森林迹地；在草原区域，分布在山地森林带，或在森林带上部，也见于沟谷、河漫滩等低湿地段；在亚热带森林区，主要分布在亚高山带；在荒漠带，多出现在山地针叶林带和亚高山灌丛带。此类型的种类组成比较丰富，草群茂密，优势植物有地榆、裂叶蒿、高山糙苏、高山象牙参、拂子茅等，包括 27 种类型。

6. 高寒草甸

本类型主要由寒冷中生多年生草本植物组成，主要分布在青藏高原东部和高原东南缘高山以及祁连山、天山和帕米尔高原等亚洲中部高山，向东延伸到秦岭主峰太白山和小五台山南台，海拔介于 3200～5200 米。分布地区的气候特点是高寒、中湿、日照充足、太阳辐射强、风大。优势植物包括蒿草、西伯利亚斗篷、圆穗蓼等，共有 17 种类型。

7. 沼泽化草甸

本类型是由湿中生多年生草本植物为主所形成的植物群落，是典型草甸向沼泽的过渡类型。主要分布在温带森林、草原及荒漠区的低湿地（河滩、沟谷、湖滨），分布区生境多是地下水位过高，地表汇水或具有永冻层，土壤水分过多。优势植物包括苔草、小叶章、西藏蒿草、大嵩草和木贼状荸荠，共有 9 种类型。

8. 盐生草甸

本类型是由适盐、耐盐或抗盐特性的多年生盐中生植物所组成的草甸类型，这类草甸为温带干旱、半干旱地区所特有，广泛分布于草原和荒漠地区的盐渍低地、宽谷、湖盆边缘与河滩。这类草甸生境条件严酷，种类组成比较贫乏。优势植物包括芨芨草、星星草、白花马蔺和大叶白麻等，共有 20 种类型。

9. 稀树草原

稀树草原主要分布在红河、澜沧江、怒江等主要江河及其干流的山间峡谷中的低丘陵和台地上以及北部的金沙江峡谷中，在广东阳江以西，海南岛北部玄武岩台地和西部的一些开阔地区，稀树草原分布也很广。另外，在南方分布地区的海拔差异很大，南部沿海的海拔仅 10～15 米，向北可以分布到海拔 1200 米左右的干热河谷中。其物种多耐旱、耐瘠薄、耐火烧，常见的有虾子花、金合欢、扭黄茅和龙须草等，包括 2 种类型。

4.1.3　荒漠生态系统

荒漠是发育在降水稀少、蒸发强烈、极端干旱生境下的稀疏生态系统类型。主要分布在中国的西北部，所占面积约占中国国土面积的 1/5，沙漠和戈壁面积共 100 余万平方千米。中国的荒漠可分成 4 种类型，即小乔木荒漠、灌木荒漠、半灌木与小半灌木荒漠和垫状小半灌木（高寒）荒漠。

小乔木荒漠建群植物是超旱生的无叶小乔木，优势植物主要有梭梭、白梭梭，在良好的条件下所形成的荒漠森林是温带荒漠中生物产量最高的生态系统类型。灌木荒漠以超旱生或真旱生的灌木和小灌木为建群种植物，是我国荒漠区域，尤其是亚洲中部荒漠亚区域占优势的地带性植被类型。优势植物主要是膜果麻黄、木霸王等。半灌木与小半灌木荒漠在温带荒漠地区得到了最广泛的分布，并常与小乔木或灌木荒漠相结合出现。其分布的生境从荒漠平原的砾石戈壁、剥蚀台原、壤土平原、沙漠、盐漠，直至石质山地与黄土状山地，具有最广的适应幅度。优势植物主要是红砂、驼绒藜等。垫状小半灌木（高寒）荒漠集中分布在昆仑山内部山区、青藏高原西北部与帕米尔高原，优势植物主要是垫状驼绒藜、藏亚菊和粉花蒿。荒漠生态系统共有 48 种类型。

4.1.4　湿地生态系统

湿地生态系统主要包括浅水湖泊、河流、沿海滩涂和沼泽。按照《中国湿地植被》的分类，可分为沼泽、浅水植物湿地、红树林、盐沼和海草湿地。其中，沼泽又包括森林沼泽、灌丛沼泽、草丛沼泽和藓类沼泽；盐沼又包括灌丛盐沼和草丛盐沼。

1.　森林沼泽

本类型是指在地表过湿或积水的地段上，以湿生植物和沼泽植物为主所组成的森林植物群落。主要集中分布在大兴安岭、小兴安岭和长白山地，秦岭太白山和西北山地海拔 2500 米以上的阴坡，也有小面积的零星分布。优势植物有兴安落叶松、长白落叶松、峨眉冷杉、水松和水杉等，包括 8 种类型。

2.　灌丛沼泽

本类型是指在地表过湿或积水的地段上，以喜湿的灌木为主组成的沼泽植物群落。它广泛分布于全国各地，优势植物有油桦、柴桦、细叶沼柳、柳叶绣线菊等，共有 17 种类型。

3.　草丛沼泽

由草本植物组成，是湿地生态系统中类型最多、面积最大、分布最广的一种类型。优势植物有修氏苔草、芦苇、乌拉苔草、灰脉苔草等，共有 64 种类型。

4.　藓类沼泽

本类型是指在地表过湿或有积水的地段上，由喜湿耐酸的藓类植物为优势种所组成的沼泽。其面积小，但分布广，主要分布在东北山地的大兴安岭、小兴安岭和长白山地，常与各类贫营养森林沼泽伴生，是森林沼泽发展的最后阶段。优势植物有中位泥炭藓、尖叶泥炭藓、白齿泥炭藓等，包括 8 种类型。

5.　浅水植物湿地

主要是湖泡中有湿生和水生植物的地段。由于湖水深浅不同，湖岸陡缓不一，水质透明度和水温的差别，其在不同湖中的分布界限不一致。一般分布在 6 米以内浅水水域，

尤其在 2 米以内地段，包括漂浮植物湿地生态系统、浮叶植物湿地生态系统和沉水植物
湿地生态系统等几大类。漂浮植物中，优势植物有满江红、紫萍和凤眼莲等，包括 7 种
类型；浮叶植物中，优势植物有菱、睡莲、莲、鸭子草等，包括 8 种类型；沉水植物中，
优势植物有马来眼子菜、龙须眼子菜、苦草等，包括 16 种类型。

6. 红树林

红树林是热带亚热带河口沼泽地的木本植物群落，主要出现在热带亚热带的隐蔽河
岸、河口地带、港湾和潟湖的潮间带，其分布从最高潮的海陆交界处至低潮带的多淤泥
沉积的滩涂或浅层的沙泥质地带，包括 7 种类型。

7. 灌丛盐沼

以肉质旱生型灌木为优势植物，主要分布在我国半湿润、半干旱和干旱区，常见于
黄淮海平原、内蒙古高原、甘肃河西走廊、青海柴达木盆地和塔里木盆地等。这些地区
降水少，蒸发强烈，蒸发量大于降雨量 2~3 倍甚至数倍。优势植物有盐角草、柽柳等，
包括 2 种类型。

8. 草丛盐沼

由喜湿耐盐碱的植物组成，广泛分布于内陆盐碱湖滨和滨海滩涂。滨海类主要分布
在杭州湾以北，即浙江、江苏、上海、山东、河北和辽宁等省（市）；内陆类主要分布
在松嫩平原、内蒙古高原、青海的柴达木盆地、新疆的准噶尔盆地和塔里木盆地等。优
势植物有碱蓬、盐地碱蓬、角碱蓬等，包括 9 种类型。

9. 海草湿地

主要分布于热带和温带海域浅水中，是一类具有高度生产力的动态生态系统。分布
于热带的优势植物有海菖蒲、海龟草、海神草等，一般见于海南岛、西沙群岛；分布于亚
热带的优势种只有 1 种，即针叶藻，仅分布在广西；分布在温带的种类有大叶藻、丛生大
叶藻和红须根虾形藻，常出现在黄海、渤海沿岸的山东、河北和辽宁等地，包括 2 种类型。

4.1.5　高山冻原与高山垫状生态系统

高山冻原是极地平原冻原在寒温带与温带山地的类似物，出现在北温带东部的长白

山与西部的阿尔泰山高山带。这些地区全年气温很低，植物生长期短，风力很大，相对湿度却很高。主要优势物种是多瓣木、北方蒿草、高山棘豆等，包括5种类型。

高山垫状生态系统广泛分布于喜马拉雅山、青藏高原、中亚山地等。这些地方年平均气温在0℃左右，年降水量250～500毫米。其优势物种有垫状蚤缀、苔状蚤缀和垫状点地梅等，包括9种类型。

另外，还有一种高山流石滩生态系统，广泛分布于喜马拉雅山、横断山等青藏高原上的诸山系。常见植物有网脉大黄、沙生凤毛菊和囊种草等，只有1种类型。

4.2　生态地理分区

以《中国生态区划》（傅伯杰等，2013）为基础，综合考虑《中国自然地理区划》（赵松乔，1983）、《中国植被区划》（吴征镒等，2010），将全国划分出为35个生态地理区（图4-2、表4-1），为国家公园空间布局奠定基础。

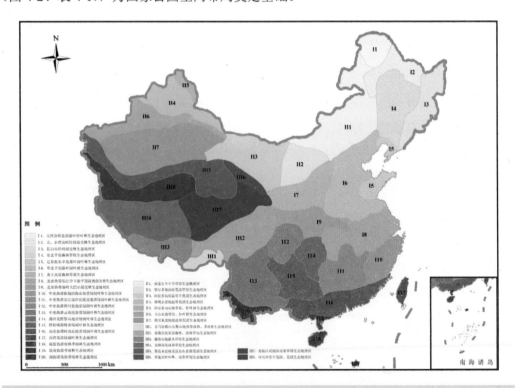

图4-2　面向中国国家公园空间布局的生态地理分区图

表 4-1 面向中国国家公园空间布局的生态地理分区

生态大区	生态地理区
Ⅰ. 东部湿润半湿润生态大区（20 个）	Ⅰ₁. 大兴安岭北部落叶针叶林生态地理区
	Ⅰ₂. 大兴安岭、小兴安岭针阔混交林生态地理区
	Ⅰ₃. 长白山针阔混交林生态地理区
	Ⅰ₄. 东北平原森林草原生态地理区
	Ⅰ₅. 辽东、胶东半岛落叶阔叶林生态地理区
	Ⅰ₆. 华北平原落叶阔叶林生态地理区
	Ⅰ₇. 黄土高原森林草原生态地理区
	Ⅰ₈. 北亚热带长江中下游平原湿地混交林生态地理区
	Ⅰ₉. 北亚热带秦岭、大巴山混交林生态地理区
	Ⅰ₁₀. 中亚热带浙闽沿海山地常绿阔叶林生态地理区
	Ⅰ₁₁. 中亚热带长江南岸丘陵盆地常绿阔叶林生态地理区
	Ⅰ₁₂. 中亚热带四川盆地常绿阔叶林生态地理区
	Ⅰ₁₃. 中亚热带云南高原常绿阔叶林生态地理区
	Ⅰ₁₄. 湘西及黔鄂山地常绿阔叶林生态地理区
	Ⅰ₁₅. 黔桂喀斯特常绿阔叶林生态地理区
	Ⅰ₁₆. 南亚热带岭南丘陵常绿阔叶林生态地理区
	Ⅰ₁₇. 台湾岛常绿阔叶林生态地理区
	Ⅰ₁₈. 琼雷热带雨林、季雨林生态地理区
	Ⅰ₁₉. 滇南热带季雨林生态地理区
	Ⅰ₂₀. 南海诸岛热带雨林生态地理区
Ⅱ. 西部干旱半干旱生态大区（7 个）	Ⅱ₁. 内蒙古半干旱草原生态地理区
	Ⅱ₂. 鄂尔多斯高原荒漠草原生态地理区
	Ⅱ₃. 阿拉善高原温带半荒漠生态地理区
	Ⅱ₄. 准噶尔盆地温带荒漠生态地理区
	Ⅱ₅. 阿尔泰山山地草原、针叶林生态地理区
	Ⅱ₆. 天山山地草原、针叶林生态地理区
	Ⅱ₇. 塔里木盆地暖温带荒漠生态地理区
Ⅲ. 青藏高原高寒生态大区（8 个）	Ⅲ₁. 喜马拉雅山东翼山地热带雨林、季雨林生态地理区
	Ⅲ₂. 青藏高原东部森林、高寒草甸生态地理区
	Ⅲ₃. 藏南山地灌丛草原生态地理区
	Ⅲ₄. 羌塘高原高寒草原生态地理区
	Ⅲ₅. 柴达木盆地及昆仑山北坡荒漠生态地理区
	Ⅲ₆. 祁连山针叶林、高寒草甸生态地理区
	Ⅲ₇. 青海江河源区高寒草原生态地理区
	Ⅲ₈. 可可西里半荒漠、荒漠生态地理区

4.2.1 东部湿润半湿润生态大区

东部湿润半湿润生态大区位于我国东部地区，约占全国总面积的 45%，地处我国第二、第三级阶梯，地势较为平坦，属东部季风区，受海洋季风影响较为强烈，温暖湿润，年降水量一般在 400 毫米以上，部分地区达 2000 毫米以上，生态系统类型以森林、湿地为主，共包括大兴安岭北部落叶针叶林，华北平原落叶阔叶林，北亚热带长江中下游平原湿地混交林，南亚热带岭南丘陵常绿阔叶林，琼雷热带雨林、季雨林生态地理区，滇南热带季雨林生态地理区等 20 个生态地理区。

1. I$_1$ 大兴安岭北部落叶针叶林生态地理区

大兴安岭落叶针叶林生态地理区主要分布于我国大兴安岭北部至我国东北部国界处，包括黑龙江和内蒙古东部部分区域。该区地势起伏不大，相对高差较小，河谷开阔，多形成低洼地，平均海拔 700～1100 米。属寒温带大陆性气候，冬季漫长寒冷，夏季短暂凉爽，全年平均气温为-2℃以下，年降水量 400～500 毫米。主要生态系统类型为寒温带和温带山地针叶林生态系统，及寒温带和温带沼泽生态系统，代表性植被为兴安落叶松林和樟子松林，森林覆盖率高，区内一些低洼地段广泛发育着草甸和沼泽植被类型。

2. I$_2$ 大兴安岭、小兴安岭针阔混交林生态地理区

大兴安岭、小兴安岭针阔混交林生态地理区主要分布于大兴安岭的中部和南部，以及小兴安岭地区，包括黑龙江和内蒙古东部的部分区域。该区地貌类型主要以山地和台地为主，西部低山平均海拔为 1000 米左右，东北部小兴安岭海拔 500～1000 米，北部丘陵盆地海拔多为 300～600 米。属寒温带海洋性季风气候，冬季严寒，夏季温热多雨，年平均气温为-4～1℃，年降水量 400～600 毫米。主要生态系统类型为寒温带和温带山地针叶林、落叶阔叶林生态系统，代表性植被为大兴安岭兴安落叶松、蒙古栎、白桦，小兴安岭红松、紫椴、风桦等，山前台地分布有草地植被类型，河谷处分布有一些草甸植被和沼泽植被。

3. I$_3$ 长白山针阔混交林生态地理区

长白山针阔混交林生态地理区主要分布于长白山山脉及其支脉的张广才岭、老爷岭、三江平原等地区，包括黑龙江和吉林的东部部分区域。该区地貌类型以山地为主，平均海拔为 500～1000 米。属温带海洋性季风气候，年平均气温为 3～6℃，年降水量在

600～800 毫米, 受地形、山体和坡向等因素的影响较为明显, 各地降水量差异较大。主要生态系统类型为寒温带、温带针阔混交林生态系统, 及寒温带、温带三江平原沼泽湿地生态系统, 代表性植被为红松林、沙冷杉林、栎林等, 三江平原地区分布有大量沼泽植被。

4. I₄ 东北平原森林草原生态地理区

东北平原森林草原生态地理区主要分布于大兴安岭以东、小兴安岭以南、长白山以西, 东北平原部分地区, 包括黑龙江、吉林、辽宁、内蒙古部分区域, 是我国最大的平原之一。该区以平原为主, 地势低平, 起伏不大, 海拔一般在 120～250 米。属温带半湿润地区, 年平均气温北部为 0.5～3℃、南部为 4～6℃, 年降水量 400～600 毫米。主要生态系统类型为温带沼泽生态系统及温带草甸草原生态系统, 代表性植被为温带森林草原、草甸草原和沼泽植被。

5. I₅ 辽东、胶东半岛落叶阔叶林生态地理区

辽东、胶东半岛落叶阔叶林生态地理区主要分布于辽东半岛、山东半岛的低山丘陵地带, 包括辽宁、山东部分区域。该区地貌类型以低山丘陵为主, 包括泰山、沂蒙山等, 平均海拔 500～1000 米。属暖温带季风性气候, 冬暖夏凉, 年平均气温为 12～14℃, 受海洋季风影响, 降水量 650～1000 毫米。主要生态系统类型为温带、暖温带落叶阔叶林生态系统, 代表性植被为赤松林、麻栎林和刺槐林。

6. I₆ 华北平原落叶阔叶林生态地理区

华北平原落叶阔叶林生态地理区主要分布于燕山南部、太行山东麓, 淮河以北的部分地区, 包括北京、天津、辽宁、河北、山西、山东、河南、安徽部分区域。该区主要有山地、山间盆地和谷地, 地势起伏较大, 海拔约为 1000 米。属大陆性季风性暖温带半湿润气候, 季节差别大, 热量充足, 气温年较差大, 年平均气温为 5～15℃, 年均降水量一般为 500～700 毫米, 降水年内分配不均, 主要集中在夏季。主要生态系统类型为温带落叶阔叶林生态系统, 典型植被为半旱生落叶阔叶林、寒温带针叶林、亚高山灌丛草甸或草甸。

7. I₇ 黄土高原森林草原生态地理区

黄土高原森林草原生态地理区主要分布于鄂尔多斯高原以南, 秦岭以北, 青海东部

地区以东，太行山以西的部分地区，包括山西、陕西、宁夏、甘肃部分区域。该区地貌类型以黄土丘陵、黄土塬和黄土高原为主，地势较高，海拔多为 1000~1300 米，区内沟壑纵横，地面破碎严重。属半干旱大陆性气候区，气温年较差和日较差大，冬季严寒、夏季暖热，年均气温为 4~11℃，降水少，蒸发量大，年降水量多为 400~650 毫米。主要生态系统类型为温带草原草甸生态系统及温带落叶阔叶林生态系统，典型植被为森林草原、灌草丛等。

8. I₈ 北亚热带长江中下游平原湿地混交林生态地理区

北亚热带长江中下游平原湿地混交林生态地理区主要分布于江汉平原、洞庭湖平原、鄱阳湖平原、苏皖沿江平原、黄淮平原、长江三角洲平原等地区，包括江苏、浙江、安徽、江西、湖北、湖南等区域。该区地貌类型以平原、丘陵、河流、湖泊为主，地势平坦，海拔一般在 200 米以下，低山丘陵地区海拔多为 400~1000 米。属亚热带季风气候，光照充足，热量丰富，降水充沛，年均温为 15~18℃，年降水量为 1000~1600 毫米。主要生态系统类型为亚热带常绿、落叶阔叶混交林生态系统，及亚热带湖泊湿地生态系统，代表性植被为常绿阔叶林和落叶常绿阔叶混交林。

9. I₉ 北亚热带秦岭、大巴山混交林生态地理区

北亚热带秦岭、大巴山混交林生态地理区主要分布于汉水流域、长江中下游部分地区，包括陕西、重庆、湖北、河南、甘肃部分区域。该区地貌类型以山地为主，区内地势险峻，大部分海拔在 1500~2500 米。秦岭是我国亚热带和暖温带的天然分界线，区内年均温为 10~14℃，降水较充沛，年降水量为 700~900 毫米。主要生态系统类型为亚热带针叶林、温带落叶阔叶林生态系统，代表性植被为北亚热带常绿阔叶林，并混生一些落叶阔叶林和针叶林，保存有许多重要的稀有物种，如珙桐、香果、水青、连香等。

10. I₁₀ 中亚热带浙闽沿海山地常绿阔叶林生态地理区

中亚热带浙闽沿海山地常绿阔叶林生态地理区主要分布于雁荡山、戴云山、武夷山东部等地区，包括浙江、福建、江西部分区域。该区地貌类型以山地丘陵为主，地势起伏较大，平均海拔为 800~1000 米，山脉众多，呈东北—西南走向，大致与海岸线平行。属亚热带海洋性气候，水热条件优越，年均温为 16~19℃，年降水量 1300~2000 毫米。主要生态系统类型为中亚热带常绿阔叶林生态系统，代表性植被为亚热带常绿阔叶林及常绿灌丛。

11. I₁₁ 中亚热带长江南岸丘陵盆地常绿阔叶林生态地理区

中亚热带长江南岸丘陵盆地常绿阔叶林生态地理区主要分布于武夷山以西，武陵山、雪峰山以东，长江中下游以南，秦岭以北部分地区，包括江西、湖南、广东、广西部分区域。该区地貌类型以丘陵盆地为主，海拔多为 200～500 米。属亚热带湿润季风气候，雨量充沛，四季分明，冬夏较长、春秋较短，年均温一般为 16～19℃，年降水量为 1400～1900 毫米。主要生态系统类型为中亚热带针叶、常绿阔叶混交林生态系统，代表性植被为亚热带常绿阔叶林。

12. I₁₂ 中亚热带四川盆地常绿阔叶林生态地理区

中亚热带四川盆地常绿阔叶林生态地理区由青藏高原、大巴山、巫山、大娄山、云贵高原环绕而成，包括四川、重庆部分区域。该区地貌类型以山地、盆地、平原为主，地势起伏大，山地海拔在 700～1000 米，平原海拔在 500～600 米。属中亚热带湿润气候，冬季少雨干旱，夏季雨水集中，年均温为 16～18℃，年降水量多为 1000～1300 毫米。主要生态系统类型为亚热带针叶林、常绿阔叶林生态系统，代表性植被为常绿阔叶林、亚热带针叶林。

13. I₁₃ 中亚热带云南高原常绿阔叶林生态地理区

中亚热带云南高原常绿阔叶林生态地理区主要分布于横断山脉以东，西接贵州高原，包括云南、四川、贵州部分区域。该区地貌类型多样，有高原、山地、峡谷、盆地等，大部分地区海拔在 1500～2000 米，一些山地可高于 3000 米。属中亚热带高原气候，冬暖夏凉，年均温为 15～18℃，年降水量 1000～1200 毫米，南部较多，向东北递减。主要生态系统类型为亚热带山地针叶林、常绿阔叶林生态系统，中南部代表性植被为季风常绿阔叶林，北部为半湿润常绿阔叶林，横断山区为亚热带硬叶常绿阔叶林、亚热带针叶林、暗针叶林。

14. I₁₄ 湘西及黔鄂山地常绿阔叶林生态地理区

湘西及黔鄂山地常绿阔叶林生态地理区主要分布于湘西山地、鄂西南、重庆东南和贵州高原东部和东北部等地区，包括湖南、湖北、重庆、贵州部分区域。该区地貌类型以山地为主，海拔一般为 500～1000 米，山峰多为 1000～1500 米，部分高峰在 2000 米以上。属贵州高原与江南丘陵气候间的过渡类型，温和湿润、雨水均匀，年均温为 16～17.5℃，年降水量为 1200～1800 毫米。主要生态系统类型为亚热带针叶林及亚热带常绿、落叶阔叶混交林生态系统，代表性植被为常绿阔叶林，山地分布有亚热带针叶林。

15. I₁₅. 黔桂喀斯特常绿阔叶林生态地理区

黔桂喀斯特常绿阔叶林生态地理区主要分布于云南高原以东，江南丘陵以西，黔鄂山地以南，岭南丘陵以北，贵州高原等地区，包括贵州、广西、云南、四川部分区域。该区地貌类型以喀斯特地貌和山地丘陵为主，地面起伏较大，丘陵海拔一般为 300～700 米，山地海拔多为 1500～2000 米。属高原型中亚热带气候，冬无严寒、夏无酷暑，年均温为 14～20℃，多阴雨，日照不足，年降水量为 1000～1900 毫米。主要生态系统类型为亚热带常绿阔叶林、亚热带针叶林生态系统，代表性植被为亚热带常绿阔叶林，以栲、樟等种类为主。

16. I₁₆. 南亚热带岭南丘陵常绿阔叶林生态地理区

南亚热带岭南丘陵常绿阔叶林生态地理区包括闽南丘陵、粤东丘陵、珠江三角洲、东南沿海地带等地区，包括广东、广西、福建部分区域。该区地貌类型以低山丘陵为主，山地海拔多为 1000 米左右，丘陵为 200～500 米。属南亚热带季风性湿润气候，全年气温较高，降水充沛，暴雨偏多，年均温为 19～22℃，年降水量为 1400～2000 毫米。主要生态系统类型为亚热带常绿阔叶林生态系统，代表性植被为亚热带季风常绿阔叶林，主要是壳斗科的栲属和樟科樟属、厚壳桂属、楠木属、润楠属和琼楠属等。

17. I₁₇. 台湾岛常绿阔叶林生态地理区

台湾岛常绿阔叶林生态地理区主要分布于我国大陆东南海上，东临太平洋，西隔台湾海峡与福建相望，包括台湾岛及其附近的澎湖列岛、兰屿、绿岛（火烧岛）、钓鱼岛、赤尾屿等。该区地貌类型以山地为主，气势起伏较大，丘陵盆地海拔多为 100～500 米，山地海拔多在 1000 米以上。属海洋季风气候，降水丰沛、气候温和，年均温一般在 21℃ 以上，全年降水量在 1500～3000 毫米。主要生态系统类型为亚热带常绿阔叶林生态系统，及亚热带山地针叶林生态系统，东北部代表性植被为南亚热带季风常绿阔叶林，南部代表性植被为热带雨林、季雨林。

18. Ⅰ₁₈. 琼雷热带雨林、季雨林生态地理区

琼雷热带雨林、季雨林生态地理区主要分布于雷州半岛和海南岛,包括广东、海南等部分区域。该区地貌类型以山地、丘陵、平原为主,海拔多在 300 米以下。属热带海洋性季风气候,年平均温度在 22~26℃,年均降水量 1500~1800 毫米,多暴雨和台风。主要生态系统类型为热带雨林、季雨林生态系统,代表性植被为热带雨林、热带季雨林、常绿阔叶林等。

19. Ⅰ₁₉. 滇南热带季雨林生态地理区

滇南热带季雨林生态地理区主要分布于横断山脉南段的河谷盆地,云贵高原以南的部分地区,包括云南南部地区,以西双版纳自治州为主体。该区地貌类型以山地、河谷盆地为主,山地海拔多为 1500 米,东南部可达 2000 米,河谷盆地海拔一般在 1000 米以下。属热带季风气候,受海拔高度的影响,气温差异较大,年均温为 20~22℃,降水分布不均,东南部年降水量 2000 毫米,北部和东北部年降水量多为 1200~1600 毫米。主要生态系统类型为亚热带常绿阔叶林、热带雨林生态系统,代表性植被北部多为常绿阔叶林,南部多为季节性雨林。

20. Ⅰ₂₀. 南海诸岛热带雨林生态地理区

南海诸岛热带雨林生态地理区主要分布于我国南海的汪洋之中,由东沙群岛、中沙群岛、西沙群岛和南沙群岛等众多岛屿组成,包括海南、广东部分区域。该区地貌类型以岛礁地貌为主,海拔多在 4~5 米以下。北部岛屿属海洋性季风气候,南部的南沙群岛属赤道海洋气候,温度高而稳定,年均温为 25~28℃,降水极为丰沛,一般为 1400~2200 毫米。主要生态系统类型为热带雨林生态系统,代表性植被为热带雨林。

4.2.2　西部干旱半干旱生态大区

西部干旱半干旱生态大区位于我国北部和西北部地区,约占全国总面积的 30%,地处我国第二级阶梯,平均海拔 1000~2000 米,属西北干旱、半干旱气候区,降水少、蒸发快,全年降水量在 400 毫米以下,生态系统类型以荒漠草原为主,包括内蒙古半干旱草原、鄂尔多斯高原荒漠草原等 7 个生态地理区。

1. Ⅱ₁. 内蒙古半干旱草原生态地理区

内蒙古半干旱草原生态地理区主要分布于大兴安岭以西、阴山北部，呼伦贝尔草原、锡林郭勒草原等地区，包括内蒙古、河北、山西部分区域。该区地貌类型以高平原为主，海拔多为 1000～1400 米。属温带大陆性季风气候，气温低，降水少而不均，年均温在 0～5℃，降水主要集中在夏季，并由东向西逐渐减少，年降水量大多为 150～350 毫米。主要生态系统类型为温带草原、荒漠草原生态系统，代表性植被为温带丛生禾草草原，矮禾草、矮半灌木荒漠草原，禾草、杂类草盐生草甸等。

2. Ⅱ₂. 鄂尔多斯高原荒漠草原生态地理区

鄂尔多斯高原荒漠草原生态地理区主要分布于阴山以南，黄土高原以北，贺兰山—狼山以东的部分地区，包括内蒙古、宁夏、陕西部分区域。该区地貌类型以高原、平原地貌为主，海拔在 1000～1500 米。属温带季风气候向大陆气候过渡区，气温偏高，年均温为 3.5～8.5℃，降水区域差异大，由东向西急剧减少，年均降水量为 200～300 毫米。主要生态系统类型为温带荒漠生态系统、温带草原生态系统，代表性植被为荒漠草原植被，以短花针茅草原最具代表性。

3. Ⅱ₃. 阿拉善高原温带半荒漠生态地理区

阿拉善高原温带半荒漠生态地理区主要分布于阿拉善沙漠、祁连山、贺兰山以西的部分地区，包括内蒙古、甘肃部分区域。该区地貌类型以高原为主，大部分海拔在 1000～1500 米，部分山地超过 2000 米。属温带半干旱大陆性气候，干旱少雨，热量和光照充足，年均温为 5～10℃，年降水量仅为 20～150 毫米。主要生态系统类型为温带荒漠生态系统，代表性植被为灌木、半灌木、矮灌木等荒漠植被。

4. Ⅱ₄. 准噶尔盆地温带荒漠生态地理区

准噶尔盆地温带荒漠生态地理区主要分布于准噶尔盆地、古尔班通古特沙漠等地区，新疆北部区域。该区地貌类型以盆地为主，南缘海拔约 600 米，东部 800～1000 米，西缘 197～300 米。属温带大陆性气候，气温年较差大，南部年均温为 6～10℃，北部年均温为 3～5℃，南北间降水量相差不多，为 150～200 毫米，中部沙漠只有 100～120 毫米。主要生态系统类型为温带荒漠生态系统，代表性植被为荒漠植被，以柽柳、白梭梭、沙拐枣等耐旱性矮半乔灌木为主。

5. II₅ 阿尔泰山山地草原、针叶林生态地理区

阿尔泰山山地草原、针叶林生态地理区主要分布于阿尔泰山脉及邻近山地，北与俄罗斯相邻，西与哈萨克斯坦交界，东与蒙古国接壤，位于新疆最北端。该区地貌类型以山地为主，海拔高度一般在 3200～3500 米。属温带大陆性气候，山间盆地和山麓的年均温一般为 4～5℃，西北部面向水汽来源，降水丰富，年降水量为 250～300 毫米。主要生态系统类型为寒温带和温带山地针叶林生态系统，代表性植被以落叶松为主，还有荒漠草原、小半灌木荒漠和小半乔木荒漠等植被类型。

6. II₆ 天山山地草原、针叶林生态地理区

天山山地草原、针叶林生态地理区主要分布于天山、伊犁河谷、吐鲁番盆地等地区，位于新疆中部。该区地貌类型以山地为主，北部海拔一般在 4000 米以上，中部海拔不超过 4000 米，西面为伊犁河谷地带，南部高度在 4200～4800 米。属温带大陆性气候，受西风影响，年降水较为丰富，平均在 500 毫米以上，最高达 1140 毫米。主要生态系统类型为温带寒温带山地针叶林生态系统、温带荒漠生态系统及高寒草原生态系统，植被垂直带发育较为完整，代表性植被有温带荒漠植被、温带草原、亚高山针叶林、高山草甸和高山垫状植被等。

7. II₇ 塔里木盆地暖温带荒漠生态地理区

塔里木盆地暖温带荒漠生态地理区位于天山和昆仑山之间，主要分布于塔里木盆地、塔里木河、塔克拉玛干沙漠、罗布泊等地区，位于新疆南部。该区地貌类型以山地和盆地为主，海拔高度在 780～1500 米，周围山地海拔在 4000～5000 米。属温带大陆性气候，并受高大山地的影响，西风和印度洋气流都被阻挡，气候极度干燥，年均温为 11.3～11.6℃，年降水量仅为 50～100 毫米。区内大部分被无植被的沙丘和戈壁占据，主要生态系统类型为温带荒漠生态系统，戈壁植被以麻黄、泡泡刺为主的灌木荒漠为代表，以及白刺和柽柳沙包、胡杨林等。

4.2.3 青藏高原高寒生态大区

青藏高原高寒生态大区包括西藏和青海的大部分地区，以及甘肃南部、云南西北部、

四川西部的部分地区，约占全国总面积的 25%，地处我国第一级阶梯，平均海拔在 4500 米以上，属青藏高寒气候区，气温低，日照充足，干湿季分明，降水区域差异明显，生态系统类型以高寒草甸、高寒湿地为主，包括喜马拉雅山东翼山地热带雨林、季雨林等 8 个生态地理区。

1. III₁ 喜马拉雅山东翼山地热带雨林、季雨林生态地理区

喜马拉雅山东翼山地热带雨林、季雨林生态地理区主要分布于青藏高原最南缘，雅鲁藏布江下游流域地区，位于西藏南部。该区地貌类型以高山峡谷为主，山地海拔均为 6000 米以上。属热带季风气候，湿润多雨，年均温 18~23℃，年降水量一般为 2000~3000 毫米，西藏东南边界年降水量超过 4000 毫米。主要生态系统类型为热带雨林生态系统，代表性植被以热带、亚热带雨林为主，还有山地常绿阔叶林、山地针阔叶混交林、高山灌丛草甸、亚高山针叶林等。

2. III₂ 青藏高原东部森林、高寒草甸生态地理区

青藏高原东部森林、高寒草甸生态地理区主要分布于四川盆地以西，藏南山地以东，云贵高原西北等地区，位于西藏东部地区。该区地貌类型以山地、河谷为主，山峰海拔多为 5000 米以上，谷地海拔约 3000 米。受季风气候影响，降水量较多，水热条件较好，谷地年均温 8~10℃，年降水量多为 500~1000 毫米。主要生态系统类型为温带草原生态系统、亚热带和热带山地针叶林生态系统，植被类型变化多样，代表性植被有干旱灌丛、常绿阔叶林、高山栎林、亚高山针叶林、高山灌丛草甸、高山草甸等。

3. III₃ 藏南山地灌丛草原生态地理区

藏南山地灌丛草原生态地理区主要分布于青藏高原西南部，冈底斯山及念青唐古拉山南麓、喜马拉雅山等地区，位于西藏南部地区。该区地貌类型以山地和谷地为主，区内地势南北高、中间低，山地海拔在 6000 米以上，谷地海拔在 3000~4000 米。气候受地形影响十分严重，以干温为主要特点，河谷地区年均温为 4~8℃，年降水量 300~450 毫米。主要生态系统类型为高寒草甸生态系统，代表性植被为温性草原。随着海拔上升，分布有高寒草原、高寒草甸和高寒灌丛等。

4. III₄ 羌塘高原高寒草原生态地理区

羌塘高原高寒草原生态地理区主要分布于唐古拉山、喜马拉雅山西部、雅鲁藏布江上游河谷、冈底斯山等部分地区，位于西藏中北部地区。该区地貌以高原、山地为主，

高原海拔为 4500～5000 米。属高原亚寒半干旱气候带，寒冷干旱，年均温为-4～0℃，年降水量为 150～350 毫米，主要集中在 6—9 月。主要生态系统类型为高寒草原生态系统，代表性植被是以紫花针茅和青藏薹草为主的典型高寒草原植被。

5. III₅ 柴达木盆地及昆仑山北坡荒漠生态地理区

柴达木盆地及昆仑山北坡荒漠生态地理区主要分布于柴达木盆地、昆仑山、喀喇昆仑山等地区和新疆南部地区。该区地貌类型以山地、盆地为主，山地平均海拔在 4000 米以上，盆地腹部海拔一般为 2600～3200 米。属高原大陆性气候，盆地温暖干旱，年均温 1～5℃，山地寒冷干旱，年均温-10～-8℃，年均降水量自东南部的 200 毫米递减到西北部的 15 毫米。主要生态系统类型为温带荒漠生态系统、高寒草原生态系统，代表性植被为半灌木、矮灌木荒漠植被及温带荒漠草原、高寒草原。

6. III₆ 祁连山针叶林、高寒草甸生态地理区

祁连山针叶林、高寒草甸生态地理区主要分布于青海东北部、祁连山等地区，包括青海、甘肃部分地区。该区地貌类型以山地、河谷为主，山地海拔在 3000～5000 米，谷地海拔在 3000 米以下。属高原大陆性气候，冬季寒冷漫长，年均温为-5.7～3.8℃，年降水量为 140～450 毫米。主要生态系统类型为寒温带温带山地针叶林生态系统、温带荒漠草原、高寒草甸生态系统，代表性植被以暗针叶林和高寒草甸为主，另有矮灌木荒漠草原、温带丛生禾草草原等。

7. III₇ 青海江河源区高寒草原生态地理区

青海江河源区高寒草原生态地理区主要分布于青藏高原中部，包括青海、西藏部分区域。该区是长江、怒江、澜沧江、黄河等江河的发源地和上游地区。地貌类型以高山、河谷为主，地势较高，平均海拔在 4000 米以上。属高原山地气候，寒冷干旱，没有明显的四季之分，年均温为-5～0℃，年降水量 250～550 毫米，由东南向西北递减。主要生态系统类型为高寒草甸生态系统、高寒沼泽生态系统，代表性植被以高寒草甸和高寒草原为主，河湖等低湿处分布有沼泽草甸，南部有山地针叶林等。

8. III₈ 可可西里半荒漠、荒漠生态地理区

可可西里半荒漠、荒漠生态地理区主要分布于青藏高原西部和西北部，包括新疆南

部、西藏北部、青海西部的部分区域。该区地貌类型以高原和低山丘陵为主，海拔为4500～5000米。属高寒气候，寒冷干旱，年均温在0℃以下，年降水量在200毫米以下。主要生态系统类型为高寒荒漠、高寒草原生态系统，代表性植被东部和南部是高寒草原向高寒荒漠过渡的高寒半荒漠（荒漠草原）植被，西部为高寒垫状植被。

4.3　生态系统优先保护区域

4.3.1　优先保护生态系统评价准则

1. 生态区的优势生态系统类型

生态区的优势生态系统往往是该地区气候、地理与土壤特征的综合反映，体现了植被与动植物物种区系地带性分布特点。对能满足该准则的生态系统的保护，能有效保护其生态过程与构成生态系统的物种组成。

2. 反映了特殊的气候地理与土壤特征

一定地区生态系统类型是由该地区的气候、地理与土壤等多种自然条件的长期综合影响下形成的。相应地，特定生态系统类型通常能反映地区的非地带性气候地理特征，体现非地带性植被分布与动植物的分布，为动植物提供栖息地。

3. 只在中国分布

由于特殊的气候地理环境与地质过程，以及生态演替，中国发育并保存了一些特有的生态系统类型。它们在全球生物多样性的保护中具有特殊的价值。

4.3.2　生态系统优先保护区域

根据优先保护生态系统评价标准，对每个生态系统进行评价，以明确各类生态系统的保护价值。在系统分析各类生态系统特征的基础上，综合专家意见，从中选出128类生态系统作为优先保护生态系统，包括森林生态系统74类，草原草甸生态系统18类，荒漠生态系统9类，湿地生态系统27类。

1. 森林生态系统优先保护区域

优先保护森林生态系统包括 74 类，主要分布在东北大小兴安岭、秦岭地区、横断山区、云贵高原和南方丘陵山地等（图 4-3）。

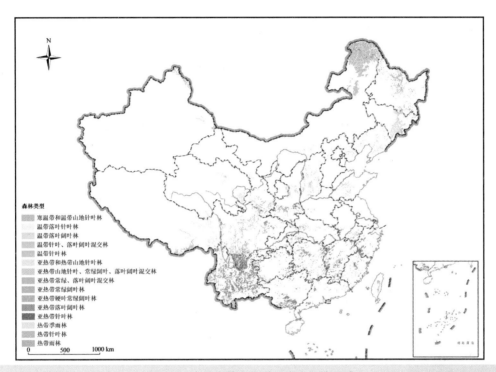

图 4-3　中国森林生态系统优先保护区域

（1）寒温带针叶林以兴安落叶松和樟子松为代表性类型，主要分布在我国最北部的大兴安岭山地。（2）温带针叶—落叶阔叶混交林以红松和落叶阔叶混交林为代表，主要分布在小兴安岭、完达山和长白山一带山地。（3）暖温带落叶阔叶林以辽东栎林为代表性生态系统类型，主要分布在华北平原、东北平原的南部、山东和辽东半岛、秦岭北坡、山西高原的大部分和河北北部的山地。（4）北亚热带落叶—常绿阔叶混交林以落叶—常绿栎类混交林和青冈—落叶阔叶混交林为代表，主要分布在陕西省的秦岭南坡至大巴山以北的汉水流域、湖北省的大部分、安徽中部、大别山以南及江苏省南部的长江两岸。（5）亚热带常绿阔叶林的代表性类型有栲类林、青冈林、润楠林、木荷林等，主要分布在长江以南地区以及云贵高原的南缘。（6）热带季节性雨林主要分布在我国东南沿海地区，东起台湾，西至广西百色的秦皇老山及云南高原南缘和喜马拉雅南翼的侧坡，其代表性类型有沟谷雨林、山地雨林、季雨林与落叶季雨林等。（7）荒漠森林以胡杨林为代表，主要分布在新疆塔里木盆地的河谷，向东经罗布谷地和哈顺戈壁进而至甘肃河西走廊西端的额济纳谷地；在准噶尔盆地、伊犁谷地、柴达木盆地以及内蒙古西部和宁夏阿拉善沙漠也有分布。

2. 草原草甸生态系统优先保护区域

优先保护草原与草甸生态系统包括 18 类，其中草原 12 类，草甸 6 类（图 4-4）。

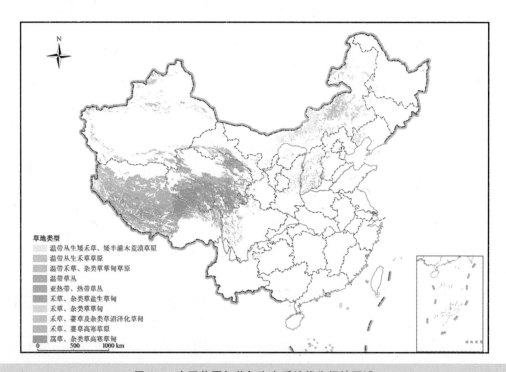

图 4-4　中国草原与草甸生态系统优先保护区域

优先保护草原包括温带草原、高寒草原和荒漠区山地草原三大类。（1）优先保护温带草原分布于内蒙古高原、黄土高原北部和松嫩平原西部，从东到西随气候逐渐干旱，渐次分化为草甸草原、典型草原和荒漠草原。草甸草原以贝加尔针茅、羊草和线叶菊群系为代表；典型草原以大针茅和克氏针茅群系为主；荒漠草原以小针茅和小半灌木草原为代表。（2）优先保护高寒草原为青藏高原所特有，东部半湿润地区为高寒草甸，以嵩草建群；西部半干旱区为高寒草原，代表群系有紫花针茅草原与硬苔草草原。（3）优先保护荒漠区山地草原主要分布在阿尔泰、天山、昆仑山等地，出现在一定海拔高度，以针茅群系为代表。

我国优先保护草甸主要分布在青藏高原东部、北方温带地区的高山和山地以及平原湿地和海滨。根据优势种的生活型及片层结构的差异，可分为典型草甸、高寒草甸、沼泽化草甸和盐生草甸。（1）优先保护典型草甸主要分布在落叶阔叶林及草原区域，亚热带森林区以及荒漠区的山地，代表群系有高山糙苏草甸、无芒雀麦草甸等。（2）优先保护高寒草甸主要分布在青藏高原东部及亚洲中部高山，以蒿草群系为代表。（3）优先保护沼泽化草甸主要分布在温带森林、草原及荒漠区的低湿地，以大蒿草群系为代表。（4）优先保护盐生草甸分布在干旱、半干旱区的盐渍低地及温带海滨，以星星草群系为代表。

3. 优先保护荒漠生态系统

优先保护荒漠生态系统包括 9 类，主要分布在我国西北部，可分成小乔木荒漠、灌木荒漠、半灌木与小半灌木荒漠和垫状小半灌木（高寒）荒漠 4 个类型（图 4-5）。优势植物主要有梭梭、白梭梭、膜果麻黄、木霸王、泡泡刺。

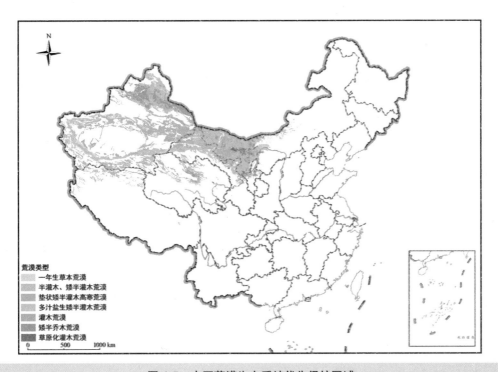

图 4-5　中国荒漠生态系统优先保护区域

4. 优先保护湿地生态系统

优先保护湿地生态系统包括 28 类，主要分布在东北山地、三江平原、青藏高原东部边缘以及亚热带湖滩、河滩洼地、河口、沿海滩涂等（图4-6）。

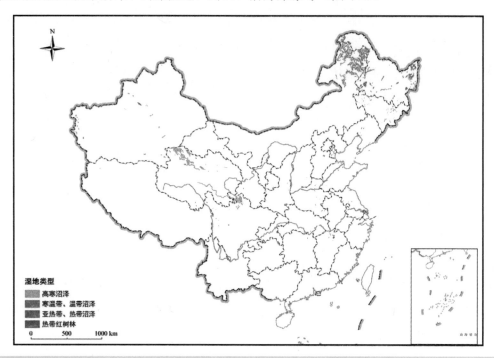

图4-6　中国湿地生态系统优先保护区域

（1）东北穆棱、三江平原湿地地区。此区是我国沼泽分布最广、最集中的地区。本地区是多种珍稀动物的栖息地，主要湿地类型有修氏苔草沼泽、毛果苔草沼泽和乌拉苔草沼泽等。（2）大小兴安岭山地湿地地区。这里是我国森林沼泽分布最广的地区。典型的湿地类型有兴安落叶松沼泽、长白落叶松沼泽和绣线菊灌丛沼泽等。（3）长白山山地湿地地区。多呈零星分布状态，典型的湿地类型有乌拉苔草沼泽和毛果苔草沼泽等。（4）东北平原中北部湿地地区。位于松花江和嫩江流域，区内有扎龙和向海两个国际重要湿地，典型的湿地类型有芦苇沼泽、狭叶甜茅沼泽和毛果苔草沼泽等。（5）辽河平原及环渤海湾湿地地区。典型的湿地类型有柽柳沼泽、盐地碱蓬沼泽和角碱蓬沼泽等。（6）长江河源区及青海湖湿地地区。本区有全国单块面积最大的沼泽地——长江河源区以及国际重要湿地青海湖等，主要湿地类型有藏北嵩草、杉叶藻等。（7）四川北部若尔盖高原湿地地区。本区有大面积的草甸和沼泽镶嵌分布，其天然沼泽面积仅次于长江源区，典型的湿地类型有藏嵩草—苔草沼泽、毛果苔草沼泽等。（8）长江中下游湿地地区。位于长江中下游腹地，有国际重要湿地鄱阳湖、洞庭湖等，典型湿地类型有红穗苔草沼泽、芦苇湿地沼泽、荻湿地沼泽等多种类型。（9）东部沿海湿地地区。区内有盐城、崇明东滩、南麂列岛等重要湿地，典型的湿地类型有芦苇沼泽和大米草沼泽等。（10）珠江三角洲湿地地区。典型的湿地类型有水松沼泽等。（11）海南沿海湿地地区。主要分布在东寨港、青澜港和三亚港等沿海港地，拥有几乎中国所有的红树林物种，红树林种类达 26 种，主要湿地类型有白骨壤林、红树林和秋茄林等。另外，新疆天山和阿尔泰山及山间盆地湿地地区也是重要湿地分布区，主要湿地类型有阿尔泰苔草沼泽等。

第5章　中国重点保护物种空间分布

我国国土辽阔，海域宽广，自然条件复杂多样，孕育了极其丰富的植物、动物和微生物物种及繁复多彩的生态组合，是全球多样性大国（中国生物多样性国情研究报告编写组，1998），在全球生物多样性保护中占有重要地位。保护珍稀濒危动植物物种也是国家公园的重要使命。

我国动物种类多，特有类型多，汇合了古北界和东洋界的大部分种类。我国现有2914种陆生脊椎动物，包括408种两栖类，其中特有两栖类272种，占全球总数的4%；461种爬行类，约占全球总数的4.5%，其中特有爬行类143种；1372种鸟类，约占全球总数的13%，其中特有鸟类77种；673种哺乳类，约占全球总数的12%，其中特有哺乳类150种。中国脊椎动物特有种共计642种。此外，中国还有1443种内陆鱼类，约占世界淡水鱼类总数的9.6%。总之，中国脊椎动物在世界脊椎动物中占有重要地位（蒋志刚，2016）。

我国是地球上种子植物区系起源中心之一，承袭了北方第三纪、古地中海古南大陆的区系成分。我国有高等植物3万多种，约占世界总数的10%，仅次于世界种子植物最丰富的巴西和哥伦比亚，其中裸子植物250种，是世界上裸子植物最多的国家，属于中国特有种子植物有5个特有科，247个特有属，17300种以上的特有种，占我国高等植物总数的57%以上。我国还是水稻和大豆的原产地，现有品种分别达5万个和2万个。我国有药用植物11000多种，牧草4215种，原产我国的重要观赏花卉超过30属2238种（中国生物多样性国情研究报告编写组，1998）。

由于中生代末我国大部分地区已上升为陆地，第四纪冰期又未遭受大陆冰川的影响，许多地区都不同程度地保留了白垩纪、第三纪的古老残遗部分。松杉类世界现存7个科中，中国有6个科。此外，中国还拥有众多有"活化石"之称的珍稀动植物，如大熊猫、白鱀豚、文昌鱼、鹦鹉螺、水杉、银杏、银杉和攀枝花苏铁等（中国生物多样性国情研究报告编写组，1998）。

本章以《中国物种红色名录》为基础，参考《世界自然保护联盟物种红色名录》，选取代表性指示物种，分析植物、哺乳动物、鸟类、两栖动物、爬行动物等重点保护物种的分布区域，明确我国物种保护关键区域。从物种生物多样性保护的角度，为国家公园候选区域选择提供依据。

5.1　重点保护物种空间分布评价准则

以《中国物种红色名录》为主要依据，参考《世界自然保护联盟物种红色名录》，选取极危、濒危与易危三个濒危等级的物种为指示物种，分析我国物种保护关键区域。

根据评价标准，共选取物种 1534 种。其中，植物 955 种、哺乳动物 152 种、鸟类 127 种、两栖 177 种、爬行 123 种。在明确这些物种空间分布的基础上，对不同濒危等级的物种赋权重，其中极危为 3，濒危为 2，易危为 1，最后进行叠加分析，识别关键区域。

5.2　重点保护物种空间分布特征

5.2.1　植物

国家重点保护植物主要分布在华南和西南的大部分地区，集中分布在长白山、秦岭、大巴山，横断山中部和南部、无量山、西双版纳、南岭山地和海南中部山区等（图 5-1）。

5.2.2　哺乳动物

重点保护哺乳类物种分布范围遍布全国，集中分布在青藏高原和藏南地区（图 5-2）。丰富度较高的地区包括东北的大兴安岭、小兴安岭、长白山，西北地区的秦岭中部、祁连山、青海南部，西南地区的藏南地区，岷山、邛崃山、横断山中部，华南地区的黔桂交界山地、南岭和华东地区的武夷山等。

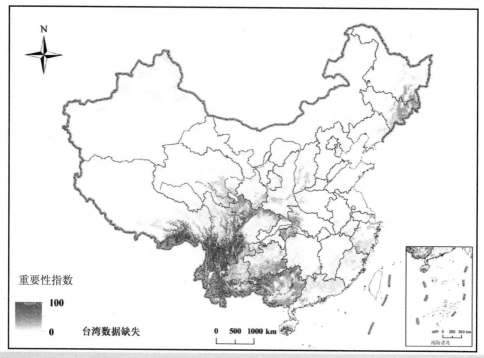

图 5-1　中国植物保护重要区域分布

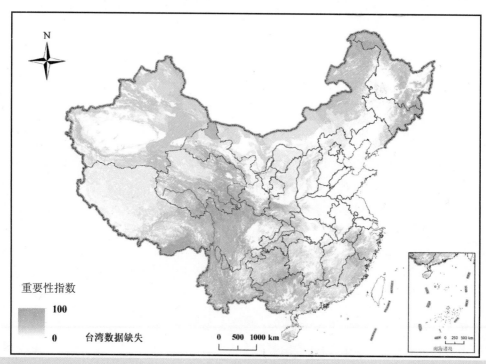

图 5-2　中国哺乳动物保护重要区域分布

5.2.3　鸟类

　　重点保护鸟类主要分布在我国东北、西部地区和华南地区，其中新疆、青海、内蒙古、四川、云南、福建等省（区）的分布范围较大（图 5-3）。物种丰富度高的地区包括大兴安岭、小兴安岭，新疆东北部地区、祁连山、青海湖、岷山、邛崃山、高黎贡山南部、无量山、哀牢山、十万大山、南岭、武夷山、海南中部山区等。另外，环渤海、黄海和东海的滨海湿地，是途经中国的三大全球候鸟迁飞路线，特别是东亚—澳大利亚迁飞路线上的重要节点，是鸟类保护的重点区域，具有国际重要意义。

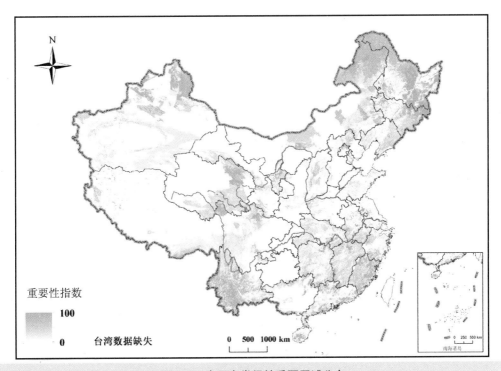

图 5-3　中国鸟类保护重要区域分布

5.2.4　两栖动物

　　重点保护两栖类物种主要分布在我国西南、华南和华东地区，其中云南、贵州、四川、重庆、广西、广东、福建、浙江等省（区、市）的分布范围较大，集中分布在四川盆地周边地区，以及云南南部、南岭山地、武夷山区、长白山等（图 5-4）。

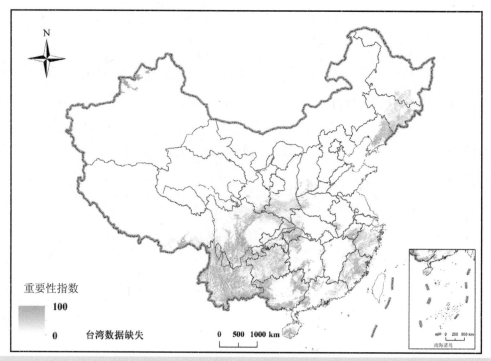

图 5-4　中国两栖类动物保护重要区域分布

5.2.5　爬行动物

重点保护爬行类物种主要分布在我国中部和南部地区，其中云南、贵州、四川、重庆、广西、广东、福建、浙江等省（区、市）的分布范围较大，高物种丰富度地区则集中分布在秦岭、岷山、邛崃山、南岭、皖南山地和武夷山（图 5-5）。

5.2.6　综合分布特征

综合各类重要保护物种的空间格局，发现全国重要保护物种丰富度高的地区集中分布在东北地区的大兴安岭、小兴安岭、长白山、三江湿地；东部沿海地区滨海和河口湿地、武夷山等；中部地区的长江中游湿地、秦巴山地、武陵山区、罗霄山；华南地区的南岭山区、海南中部山区；西南地区的横断山、岷山、滇西南、十万大山、藏东南等地区；西北地区的秦岭中部、三江源、祁连山、新疆北部地区等（图 5-6）。

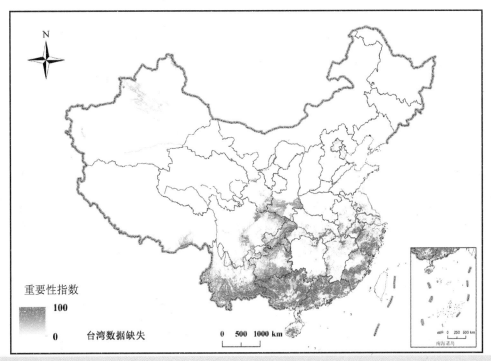

图 5-5　中国爬行类动物保护重要区域分布

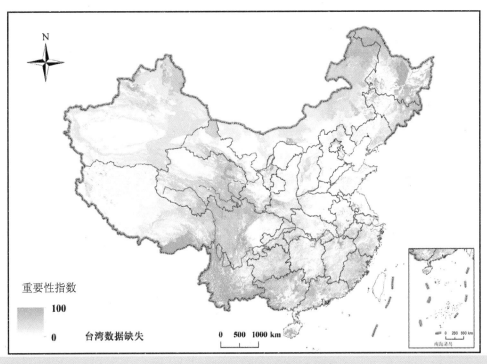

图 5-6　中国重点保护物种综合分布

第6章　中国代表性自然景观分布

我国疆域辽阔，拥有高原、山地、丘陵平原等复杂多样的地形，森林、草地、湖泊、沼泽、海洋、沙漠等生态系统，以及大熊猫、金丝猴、东北虎等丰富的生物资源，自然景观极其丰富。本章在分析我国自然景观特征和分布特征的基础上，明确具有国家代表性的自然景观区域，从自然景观格局的角度，为我国国家公园候选区域的确定提供依据。

6.1　自然景观主要类型

我国疆域辽阔，地大物博。复杂的地形地貌和气候条件，丰富的生物资源，形成了各具特色的自然景观，为建设国家公园提供了丰富的资源本底。以《旅游资源分类、调查与评价》（GB/T 18972—2003）和《风景名胜区规划规范》（GB 50298—1999）为基础，根据我国国家公园的功能定位和建设目标，将我国自然景观分为地文景观、水文景观、生物景观和天象景观4大类共16亚类（表6-1）。

（1）地文景观：山地、沙漠、峡谷、丹霞地貌、喀斯特地貌与溶洞、火山地貌、地质遗迹；

（2）水文景观：江河、湖泊、瀑布、沼泽湿地；

（3）生物景观：森林、草原草甸、珍稀动植物及栖息地；

（4）天象景观：云雾景观、日月星光。

表 6-1　主要自然景观分类及举例

主要类型	亚类	举例
地文景观（Ⅰ）	山地（Ⅰ₁）	阿尔泰山、大兴安岭、峨眉山、梵净山、高黎贡山、贡嘎山、黄山、梅里雪山、南迦巴瓦、南岭、祁连山、秦岭、三清山、泰山、五指山、小兴安岭、雁荡山、长白山、珠穆朗玛峰等
	沙漠（Ⅰ₂）	巴丹吉林沙漠、古尔班通古特沙漠、罗布泊、鸣沙山月牙泉、塔克拉玛干沙漠、腾格里沙漠等
	峡谷（Ⅰ₃）	雅鲁藏布江大峡谷、大渡河金口大峡谷、金沙江虎跳峡、晋陕大峡谷、怒江大峡谷等
	丹霞地貌（Ⅰ₄）	赤水丹霞、丹霞山、江郎山、崀山、龙虎山、泰宁丹霞、武夷山、张掖丹霞、火石寨、老君山等
	喀斯特地貌与溶洞（Ⅰ₅）	荔波喀斯特、路南石林、丰都雪玉洞、兴义万峰林、桂林山水、金佛山、乐业大石围、武隆芙蓉洞、兴文石海、织金洞等
	火山地貌（Ⅰ₆）	靖宇火山群、雷琼火山群、腾冲火山、五大连池、伊通火山群等
	地质遗迹（Ⅰ₇）	房山地质遗迹、蓟县地质遗迹、克什克腾地质遗迹、灵武地质遗迹、延庆地质遗迹、自贡恐龙遗迹等
水文景观（Ⅱ）	江河（Ⅱ₁）	三江源、南滚河、长江、黄河、三江并流、塔里木、鸭绿江、雅砻河等
	湖泊（Ⅱ₂）	天山天池、鄱阳湖、青海湖、博斯腾湖、洞庭湖、洪泽湖、呼伦湖、九寨沟、泸沽湖、纳木错、色林错、兴凯湖、长白山天池等
	瀑布（Ⅱ₃）	黄果树瀑布、黄河壶口瀑布、九寨沟诺日朗瀑布、德天瀑布、罗平九龙瀑布、藏布巴东瀑布群等
	沼泽湿地（Ⅱ₄）	羌塘湿地、若尔盖湿地、三江平原湿地、扎龙湿地、东方红湿地、黄河三角洲、盐城湿地、麦地卡湿地、向海等
生物景观（Ⅲ）	森林（Ⅲ₁）	长白山红松阔叶混交林、荔波喀斯特森林、白马雪山高山杜鹃林、波密岗乡林芝云杉林、大兴安岭兴安落叶松林、轮台胡杨林、蜀南竹海、西双版纳热带雨林等
	草原草甸（Ⅲ₂）	巴音布鲁克草原、呼伦贝尔草原、锡林郭勒草原、毛垭高寒大草原、那曲高寒草原、祁连山草原、羌塘高寒草甸、伊犁草原等
	珍稀动植物及栖息地（Ⅲ₃）	秦岭大熊猫、梵净山金丝猴、三江源藏羚羊、西双版纳亚洲象、卧龙大熊猫、老爷岭东北虎豹、扎龙湿地丹顶鹤、黄河河口迁徙鸟类、鄱阳湖越冬鸟类、长江口迁徙鸟类等
天象景观（Ⅳ）	云雾景观（Ⅳ₁）	黄山云海、苍山玉带云、庐山瀑布云、牛背山云海等
	日月星光（Ⅳ₂）	泰山日出、峨眉山佛光、大兴安岭极光、塔克拉玛干沙漠星空等

6.2　代表性自然景观评价准则与方法

6.2.1　评价准则

根据我国国家公园功能定位，"以保护具有国家和区域代表性自然景观为主体"，选拔出具有国家代表性的景观资源，并参考《风景名胜区规划规范》，将我国自然景观分为三级：

（1）一级自然景观应具有珍贵、独特、世界遗产价值，具有全球性保护价值和国家代表性意义；

（2）二级自然景观应具有名贵、罕见、国家重点保护价值和区域代表性意义；

（3）三级自然景观应具有重要、特殊、省级重点保护价值和地区代表性意义。

6.2.2　评价方法

根据国家公园保护具有代表性、原真性和完整性自然景观的要求，从如下4个方面提出候选自然景观保护优先区。

（1）依托我国现有景观类自然保护地，包括风景名胜区、地质公园、森林公园、湿地公园、沙漠公园等，根据保护地级别的高低及景观的独特性选拔出不同级别的代表性自然景观；

（2）以《中国国家地理》评选的"中国最美的地方"及其他媒体、大众评选的自然美景为参考，作为自然景观主观评价依据；

（3）从代表性生态系统、珍稀生物景观、特殊地貌和地质遗迹以及其他富有特色的自然景观中，挑选出具有世界、国家或区域代表性的自然景观；

（4）区域内包含多种不同类型的自然景观时，以最突出的景观类型为主要评价对象，再考虑自然景观的综合性。

根据上述准则与方法，收集整理了全国主要自然景观，并对其保护价值进行了评估。

6.3　代表性自然景观空间分布特征

6.3.1　地文景观

我国地文景观数量众多，类型多样，主要包括山地、沙漠、峡谷、丹霞地貌、喀斯特地貌、火山地貌、地质遗迹等，共 168 处，是我国自然景观最主要的构成部分（表 6-2 和图 6-1）。

山地景观 110 处，依托于我国的主要山脉，景观价值最高，具有世界影响力的一级景观有 20 处，主要分布于大兴安岭、长白山、秦岭、天山、武夷山、喜马拉雅山等代表性山脉；具有国家代表性的二级景观 41 处，包括祁连山、阿尔金山、太行山、大巴山、贺兰山等山脉；具有省际吸引力的三级景观 49 处，多分布于我国南方低山丘陵地区。

沙漠景观 7 处，主要分布在我国西北干旱半干旱地区，景观价值最高，具有世界影响力的一级沙漠景观，为中国最大的塔克拉玛干沙漠，它是世界第十大沙漠之一，也是世界第二大流动沙漠；具有国家代表性的二级景观 6 处，分布于西北地区新疆、甘肃、内蒙古、宁夏的古尔班通古特、库木塔格、巴丹吉林、腾格里等沙漠。

峡谷景观 9 处，主要依托于大型山脉和河流，形成高山峡谷区。横断山区是我国最具代表性的高山峡谷区，拥有一级峡谷景观 2 处：雅鲁藏布江大峡谷和怒江大峡谷；二级峡谷景观 3 处：澜沧江梅里大峡谷、金沙江虎跳峡、大渡河金口大峡谷。其他重要的峡谷景观有长江三峡、天山库车大峡谷、太行山大峡谷等。

丹霞景观 9 处，主要分布在东南沿海、中南地区和部分西北地区。景观价值最高，具有世界影响力的一级丹霞景观有 7 处，集中分布于东南沿海的武夷山脉，代表区域有武夷山、龙虎山、泰宁丹霞等，以及中南地区的崀山、赤水丹霞、丹霞山等；具有国家代表性和省际吸引力的二级、三级丹霞景观位于西北地区，包括甘肃张掖丹霞、宁夏火石寨。

喀斯特景观 15 处，集中分布于我国重庆、云南、贵州、广西等地，具有世界影响力的一级喀斯特景观 9 处，代表景观有路南石林、桂林漓江山水、重庆金佛山、荔波喀斯特等；具有国家代表性的二级景观 5 处，有丰都雪玉洞、利川腾龙洞、罗平峰林等；具有省际吸引力的三级景观 1 处，为辽宁大连冰峪沟。

火山景观 5 处，主要分布在云南、海南及东北地区，具有世界影响力的一级火山景观 2 处，包括黑龙江五大连池和海南雷琼火山群；具有国家代表性的二级景观 3 处，包括位于长白山脉的伊通火山群、靖宇火山群和云南腾冲火山。

地质遗迹景观 13 处，以世界地质公园、国家地质公园和自然遗迹类自然保护区为主，散布于我国各地区，具有世界影响力的一级地质遗迹景观 3 处，有克什克腾地质遗迹、自贡恐龙遗迹等；具有国家代表性的二级景观 5 处，有蓟县地质遗迹、延庆地质遗迹等；具有省际吸引力的三级景观 5 处，有郑州黄河地质遗迹、宁夏灵武地质遗迹等。

表 6-2　主要地文景观分类与评价

名称	主类	亚类	评价	名称	主类	亚类	评价
阿尔泰山	I	I_1	★★★	玉龙雪山	I	I_1	★★
北京长城	I	I_1	★★★	子午岭	I	I_1	★★
大兴安岭	I	I_1	★★★	张掖丹霞	I	I_4	★★
峨眉山	I	I_1	★★★	巴丹吉林沙漠	I	I_2	★★
伏牛山	I	I_1	★★★	古尔班通古特沙漠	I	I_2	★★
高黎贡山	I	I_1	★★★	罗布泊	I	I_2	★★
黄山	I	I_1	★★★	鸣沙山月牙泉	I	I_2	★★
庐山	I	I_1	★★★	沙坡头	I	I_2	★★
乔戈里峰	I	I_1	★★★	腾格里	I	I_2	★★
秦岭	I	I_1	★★★	大渡河金口大峡谷	I	I_3	★★
三清山	I	I_1	★★★	金沙江虎跳峡	I	I_3	★★
神农架	I	I_1	★★★	黄河晋陕大峡谷	I	I_3	★★
嵩山	I	I_1	★★★	澜沧江梅里大峡谷	I	I_3	★★
泰山	I	I_1	★★★	太行山大峡谷	I	I_3	★★
天山博格达峰	I	I_1	★★★	天山库车大峡谷	I	I_3	★★
天柱山	I	I_1	★★★	本溪水洞	I	I_5	★★
雁荡山	I	I_1	★★★	丰都雪玉洞	I	I_5	★★
张家界	I	I_1	★★★	贵州兴义万峰林	I	I_5	★★
梵净山	I	I_1	★★★	利川腾龙洞	I	I_5	★★
长白山	I	I_1	★★★	靖宇火山群	I	I_6	★★
珠穆朗玛峰	I	I_1	★★★	腾冲火山	I	I_6	★★
五台山	I	I_1	★★★	伊通火山群	I	I_6	★★
赤水丹霞	I	I_4	★★★	黄河蛇曲	I	I_7	★★
丹霞山	I	I_4	★★★	黄河石林	I	I_7	★★
江郎山	I	I_4	★★★	蓟县地质遗迹	I	I_7	★★
崀山	I	I_4	★★★	延庆地质遗迹	I	I_7	★★
龙虎山	I	I_4	★★★	札达土林	I	I_7	★★
泰宁丹霞	I	I_4	★★★	阿尔山	I	I_1	★

名称	主类	亚类	评价	名称	主类	亚类	评价
武夷山	I	I$_4$	★★★	霸王岭	I	I$_1$	★
塔克拉玛干沙漠	I	I$_2$	★★★	白狼山	I	I$_1$	★
怒江大峡谷	I	I$_3$	★★★	车八岭	I	I$_1$	★
雅鲁藏布江大峡谷	I	I$_3$	★★★	大洪山	I	I$_1$	★
长江三峡	I	I$_3$	★★★	大明山	I	I$_1$	★
黄龙洞	I	I$_5$	★★★	大青山	I	I$_1$	★
金佛山	I	I$_5$	★★★	大围山	I	I$_1$	★
乐业大石围	I	I$_5$	★★★	大瑶山	I	I$_1$	★
漓江	I	I$_5$	★★★	戴云山	I	I$_1$	★
荔波喀斯特	I	I$_5$	★★★	鼎湖山	I	I$_1$	★
路南石林	I	I$_5$	★★★	凤凰山	I	I$_1$	★
武隆芙蓉洞	I	I$_5$	★★★	佛子山	I	I$_1$	★
兴文石海	I	I$_5$	★★★	浮山	I	I$_1$	★
织金洞	I	I$_5$	★★★	冠豸山	I	I$_1$	★
雷琼火山群	I	I$_6$	★★★	桂平西山	I	I$_1$	★
五大连池火山	I	I$_6$	★★★	贺兰山	I	I$_1$	★
房山地质遗迹	I	I$_7$	★★★	壶瓶山	I	I$_1$	★
克什克腾地质遗迹	I	I$_7$	★★★	虎伯寮	I	I$_1$	★
自贡恐龙遗迹	I	I$_7$	★★★	华蓥山	I	I$_1$	★
大理苍山	I	I$_1$	★★★	崆峒山	I	I$_1$	★
阿尔金山	I	I$_1$	★★	琅琊山	I	I$_1$	★
哀牢山	I	I$_1$	★★	雷公山	I	I$_1$	★
白马雪山	I	I$_1$	★★	骊山	I	I$_1$	★
大巴山	I	I$_1$	★★	林虑山	I	I$_1$	★
大别山	I	I$_1$	★★	六盘山	I	I$_1$	★
大山包	I	I$_1$	★★	吕梁山	I	I$_1$	★
黛眉山	I	I$_1$	★★	梅岭	I	I$_1$	★
稻城三神山	I	I$_1$	★★	钱江源	I	I$_1$	★
冈仁波齐	I	I$_1$	★★	清源山	I	I$_1$	★
贡嘎山	I	I$_1$	★★	十万大山	I	I$_1$	★
海子山	I	I$_1$	★★	四面山	I	I$_1$	★
恒山	I	I$_1$	★★	太姥山	I	I$_1$	★
衡山	I	I$_1$	★★	太阳河	I	I$_1$	★
华山	I	I$_1$	★★	桃花源	I	I$_1$	★
井冈山	I	I$_1$	★★	天台山	I	I$_1$	★
九华山	I	I$_1$	★★	托木尔峰	I	I$_1$	★
崂山	I	I$_1$	★★	万佛山	I	I$_1$	★
老君山	I	I$_1$	★★	梧桐山	I	I$_1$	★
老爷岭	I	I$_1$	★★	雾灵山	I	I$_1$	★
麦积山	I	I$_1$	★★	西樵山	I	I$_1$	★

名称	主类	亚类	评价	名称	主类	亚类	评价
梅里雪山	I	I_1	★★	仙居	I	I_1	★
米仓山	I	I_1	★★	响堂山	I	I_1	★
南迦巴瓦	I	I_1	★★	象头山	I	I_1	★
南岭	I	I_1	★★	雪峰山	I	I_1	★
南山	I	I_1	★★	药山	I	I_1	★
普陀山	I	I_1	★★	沂蒙山	I	I_1	★
齐云山	I	I_1	★★	酉阳桃花源	I	I_1	★
祁连山	I	I_1	★★	云台山	I	I_1	★
四姑娘山	I	I_1	★★	火石寨	I	I_4	★
天目山	I	I_1	★★	冰峪沟	I	I_5	★
吐鲁番火焰山	I	I_1	★★	灵武地质遗迹	I	I_7	★
五指山	I	I_1	★★	武安地质遗迹	I	I_7	★
武当山	I	I_1	★★	湘西凤凰	I	I_7	★
武功山	I	I_1	★★	羊八井	I	I_7	★
小兴安岭	I	I_1	★★	郑州黄河地质遗迹	I	I_7	★

注：★★★为一级景观；★★为二级景观；★为三级景观。

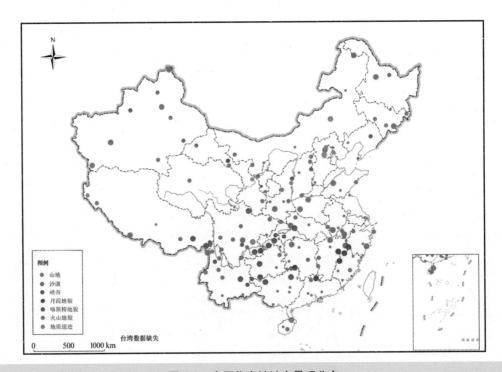

图 6-1　中国代表性地文景观分布

6.3.2　水文景观

我国水资源较为丰富、水系发达，形成了丰富多彩的水文景观，主要包括江河、湖泊、瀑布、沼泽湿地等，共 61 处（表 6-3 和图 6-2）。

江河景观 12 处，主要依托我国大型水系和重要水系，具有世界影响力的一级江河景观 4 处，包括长江、黄河、三江并流等；具有国家代表性的二级景观 5 处，包括鸭绿江、南滚河等；具有省际吸引力的三级景观 3 处，包括富春江、浣江等。

湖泊景观 19 处，主要分布于长江中下游、青藏高原、东北地区、新疆等地，具有世界影响力的一级湖泊景观 9 处，包括东北地区长白山天池、五大连池等堰塞湖，青藏高原地区青海湖、纳木错等盐湖，长江中下游的鄱阳湖等；二级湖泊景观 3 处，有洞庭湖、色林错、兴凯湖；三级湖泊景观 7 处，包括新疆艾比湖、博斯腾湖、内蒙古呼伦湖等。

瀑布景观 7 处，具有世界影响力的一级景观 2 处，包括世界最大的黄色瀑布——黄河壶口瀑布和亚洲第一大跨国瀑布——广西德天瀑布；二级景观多分布于我国西南地区，包括黄果树瀑布、黄河壶口瀑布、诺日朗瀑布、藏布巴东瀑布群等。

沼泽湿地景观 23 处，主要分布于我国东北大兴安岭、三江平原地区、青藏高原地区和东南沿海地区，具有世界影响力的一级景观 2 处，为青藏高原羌塘和若尔盖湿地；二级景观 12 处，多分布于东北地区，包括扎龙湿地、三江平原湿地等；三级景观 9 处，包括东北地区的向海、东方红湿地等，西南地区的大山包湿地、帕纳海湿地和东部渤海/黄海地区滨海湿地等。

表 6-3　主要水文景观分类与评价

名称	主类	亚类	评价	名称	主类	亚类	评价
漓江	II	II$_1$	★★★	罗平九龙瀑布	II	II$_3$	★★
三江并流	II	II$_1$	★★★	诺日朗瀑布	II	II$_3$	★★
三江源	II	II$_1$	★★★	巴音布鲁克湿地	II	II$_4$	★★
长江三峡	II	II$_1$	★★★	班公错湿地	II	II$_4$	★★
镜泊湖	II	II$_2$	★★★	大兴安岭湿地	II	II$_4$	★★
九寨沟	II	II$_2$	★★★	黄河三角洲	II	II$_4$	★★
喀纳斯湖	II	II$_2$	★★★	辽河三角洲湿地	II	II$_4$	★★
纳木错	II	II$_2$	★★★	玛旁雍错湿地	II	II$_4$	★★
鄱阳湖	II	II$_2$	★★★	三江平原湿地	II	II$_4$	★★
青海湖	II	II$_2$	★★★	小兴安岭湿地	II	II$_4$	★★

名称	主类	亚类	评价	名称	主类	亚类	评价
天山天池	II	II$_2$	★★★	盐城湿地	II	II$_4$	★★
五大连池	II	II$_2$	★★★	扎龙湿地	II	II$_4$	★★
长白山天池	II	II$_2$	★★★	浣江—五泄	II	II$_1$	★
黄河壶口瀑布	II	II$_3$	★★★	黄河三峡	II	II$_1$	★
羌塘湿地	II	II$_4$	★★★	武夷山九曲溪	II	II$_1$	★
若尔盖	II	II$_4$	★★★	艾比湖	II	II$_2$	★
南滚河	II	II$_1$	★★	博斯腾湖	II	II$_2$	★
塔里木河	II	II$_1$	★★	洪泽湖	II	II$_2$	★
鸭绿江	II	II$_1$	★★	呼伦湖	II	II$_2$	★
雅砻河	II	II$_1$	★★	泸沽湖	II	II$_2$	★
郑州黄河湿地	II	II$_1$	★★	赛里木湖	II	II$_2$	★
洞庭湖	II	II$_2$	★★	大山包湿地	II	II$_4$	★
色林错	II	II$_2$	★★	东方红湿地	II	II$_4$	★
兴凯湖	II	II$_2$	★★	麦地卡湿地	II	II$_4$	★
藏布巴东瀑布群	II	II$_3$	★★	纳帕海湿地	II	II$_4$	★
德天瀑布	II	II$_3$	★★	双台河口湿地	II	II$_4$	★
吊水楼瀑布	II	II$_3$	★★	向海	II	II$_4$	★
黄果树瀑布	II	II$_3$	★★				

注：★★★为一级景观；★★为二级景观；★为三级景观。

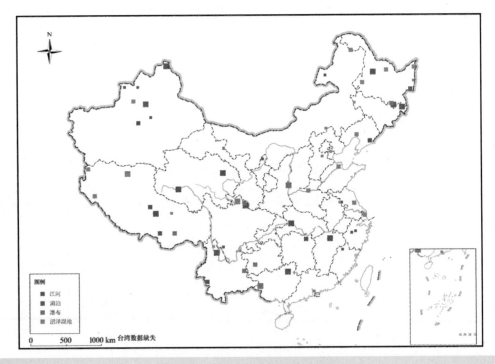

图 6-2　中国代表性水文景观分布

6.3.3　生物景观

我国是世界上动植物资源最丰富的国家之一，生物景观众多，主要包括森林、草原草甸、珍稀动植物及栖息地，共 63 处（表 6-4 和图 6-3）。

森林景观 21 处，为我国东北和南方地区代表性森林生态系统和独特的森林景观，具有世界影响力的一级森林景观 5 处，有大兴安岭兴安落叶松林、荔波喀斯特森林、西双版纳热带雨林等；具有国家代表性的二级景观 13 处，有天山雪岭云杉林、小兴安岭红松林、蜀南竹海等；具有省际吸引力的三级景观 3 处，有额济纳胡杨林、高黎贡山常绿阔叶林、柴达木梭梭林。

草原草甸景观 13 处，主要分布于我国内蒙古高原、青藏高原、天山腹地等地区，一级草原草甸景观有呼伦贝尔草原；二级草原草甸景观 7 处，主要位于西部地区，包括巴音布鲁克草原、羌塘草原、伊犁草原等；三级景观多分布于内蒙古、甘肃等地，有科尔沁草原、鄂尔多斯草原、甘南玛曲草原等。

珍稀动植物及栖息地 29 处，主要分布于我国秦岭中部、青藏高原、长江中下游地区和东北地区，具有世界影响力的一级景观 10 处，包括扎龙湿地丹顶鹤、秦岭大熊猫、鄱阳湖越冬鸟类、西双版纳亚洲象、老爷岭东北虎等；二级景观 16 处，包括三江平原湿地珍禽、黄河口迁徙鸟类、长江淡水豚、罗布泊野骆驼、滇西北金丝猴等；三级景观 3 处，包括崇明岛东滩鸟类、贵州黑叶猴栖息地等。

表 6-4　主要生物景观分类与评价

名称	主类	亚类	评价	名称	主类	亚类	评价
大兴安岭兴安落叶松林	III	III$_1$	★★★	尖峰岭热带雨林	III	III$_1$	★★
荔波喀斯特森林	III	III$_1$	★★★	蜀南竹海	III	III$_1$	★★
轮台胡杨林	III	III$_1$	★★★	天山雪岭云杉林	III	III$_1$	★★
西双版纳热带雨林	III	III$_1$	★★★	长白山红松阔叶混交林	III	III$_1$	★★
呼伦贝尔草原	III	III$_2$	★★★	巴音布鲁克草原	III	III$_2$	★★
白马雪山金丝猴	III	III$_3$	★★★	毛垭高寒大草原	III	III$_2$	★★
梵净山金丝猴	III	III$_3$	★★★	那曲高寒草原	III	III$_2$	★★
老爷岭东北虎豹	III	III$_3$	★★★	祁连山草原	III	III$_2$	★★
鄱阳湖越冬鸟类	III	III$_3$	★★★	羌塘草原	III	III$_2$	★★
秦岭大熊猫	III	III$_3$	★★★	兔耳岭高山草甸	III	III$_2$	★★
三江源藏羚羊	III	III$_3$	★★★	伊犁草原	III	III$_2$	★★

名称	主类	亚类	评价	名称	主类	亚类	评价
神农架金丝猴	III	III₃	★★★	锡林郭勒草原	III	III₂	★★
卧龙大熊猫	III	III₃	★★★	大山包黑颈鹤	III	III₃	★★
西双版纳亚洲象	III	III₃	★★★	洞庭湖越冬鸟类	III	III₃	★★
扎龙湿地丹顶鹤	III	III₃	★★★	武夷山野生动物	III	III₃	★★
白马雪山高山杜鹃林	III	III₁	★★	盐城湿地麋鹿	III	III₃	★★
波密岗乡林芝云杉林	III	III₁	★★	科尔沁草原	III	III₂	★
鼎湖山森林	III	III₁	★★	塞罕坝草原	III	III₂	★
甘家湖梭梭林	III	III₁	★★				

注：★★★为一级景观；★★为二级景观；★为三级景观。

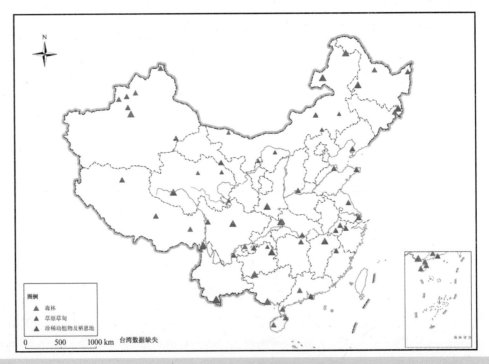

图 6-3　中国代表性生物景观分布

6.3.4　天象景观

我国南北纬度跨度较广，距海洋远近差距较大，地势高低不同，形成了复杂多样的气候类型和天象景观。天象景观主要分为云雾景观和日月星光 2 类，共 58 处（表6-5 和图 6-4）。

表 6-5　主要天象景观分类与评价

名称	主类	亚类	评价	名称	主类	亚类	评价
阿尔泰山极光	IV	IV₂	★★★	纳木错星空	IV	IV₂	★★
大兴安岭极光	IV	IV₂	★★★	普陀山日出	IV	IV₂	★★
峨眉山佛光	IV	IV₂	★★★	塔克拉玛干星空	IV	IV₂	★★
梵净山佛光	IV	IV₂	★★★	锡林郭勒星空	IV	IV₂	★★
五台山佛光	IV	IV₂	★★★	伊犁草原星空	IV	IV₂	★★
泰山日出	IV	IV₂	★★★	丹霞山日出	IV	IV₂	★★
梅里雪山日照金山	IV	IV₂	★★★	梵净山云雾	IV	IV₁	★★
苍山玉带云	IV	IV₁	★★★	张家界云雾	IV	IV₁	★★
黄山云海	IV	IV₁	★★★	九华山日出	IV	IV₂	★
庐山瀑布云	IV	IV₁	★★★	嵩山日出	IV	IV₂	★
三清山响云	IV	IV₁	★★★	天柱山日出	IV	IV₂	★
衡山日出	IV	IV₂	★★	武当山日出	IV	IV₂	★
呼伦贝尔星空	IV	IV₂	★★	长白山日出	IV	IV₂	★
华山东峰日出	IV	IV₂	★★	齐云山云海	IV	IV₁	★

注：★★★为一级景观；★★为二级景观；★为三级景观。

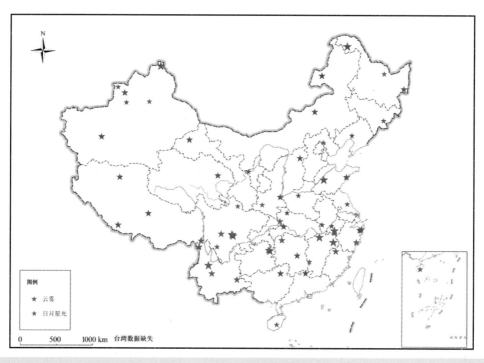

图 6-4　中国代表性天象景观分布

云雾景观 23 处，主要分布于我国名山之中，一级云雾景观 5 处，主要有黄山云海、庐山瀑布云、三清山响云等；二级云雾景观 10 处，主要有牛背山云海、罗平峰林云海、张家界云海等；三级云雾景观 8 处，主要有五指山云雾、天山云雾、齐云山云海等。

日月星光景观 35 处，主要分为日出日落景观、佛光景观、星光极光景观等，分布于名山及西北、内蒙古高原等空旷地区。一级日月星光景观 4 处，有大兴安岭极光、泰山日出、峨眉山佛光等；二级景观 20 处，有漓江日出日落、呼伦贝尔星空、普陀山佛光等；三级景观 10 处，有黄海滩涂日出、沙坡头日落、巴音布鲁克星空等。

6.4　主要代表性自然景观及分布

综合各类自然景观的空间格局，发现我国重要的自然景观集中分布在大兴安岭、小兴安岭、长白山、岷山—邛崃、秦岭—大巴山、太行山、武夷山、南岭、海南山区、横断山、武陵山、祁连山、天山、喜马拉雅山、阿尔泰山等重要山脉；东北平原、青藏高原、长江中下游平原等重要水域；呼伦贝尔草原、锡林郭勒草原、伊犁草原等重要草原；阿拉善沙漠、塔克拉玛干沙漠、古尔班通古特沙漠、库木塔格沙漠等重要沙漠以及云贵喀斯特、东南地区丹霞等特殊地貌区域（图 6-5）。

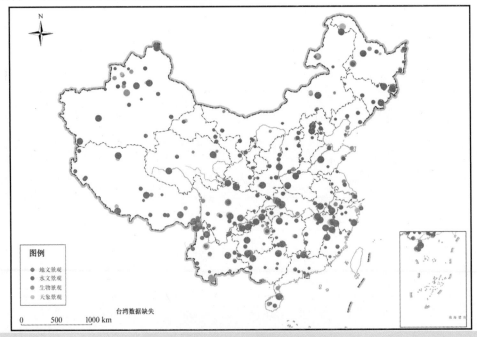

图 6-5　中国主要代表性自然景观分布

　　根据自然景观分类分级评价，我国自然景观类型丰富，且等级较高的地区主要有阿尔泰山、大兴安岭、梵净山、高黎贡山、黄山、九寨沟、漓江山水、荔波喀斯特、秦岭、鄱阳湖、神农架、天山、武夷山、五大连池、长白山、长江三峡等（图 6-6 和表 6-6）。

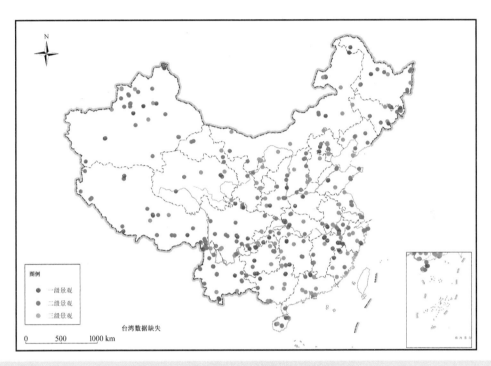

图 6-6　中国主要代表性自然景观分等级分布

表 6-6　中国代表性自然景观评价

名称	类型	评价				
		I	II	III	IV	综合
阿尔金山	I₁	★★				★★
阿尔山	I₁	★★	★★	★		★★★
阿尔泰山	I₁、II₂、III₁、IV₂	★★	★★★	★★★	★★★	★★★★★
哀牢山	I₁、IV₁	★★			★★	★★★
艾比湖	II₂		★			★
巴丹吉林沙漠	I₂	★★				★★
巴音布鲁克	II₄、III₂、IV₂		★★	★★	★	★★★
霸王岭	I₁	★				★
白狼山	I₁	★				★
白马雪山	I₁、III₁、III₃	★★		★★★		★★★★

名称	类型	评价				
		I	II	III	IV	综合
白洋淀	II_4		★			★
班公错	II_4		★★			★★
北京长城	I_1	★★★				★★★
北仑河口红树林	III_1			★★★		★★★
本溪水洞	I_5	★★				★★
冰峪沟	I_5	★				★
波密岗乡林芝云杉林	III_1			★★		★★
博斯腾湖	II_2		★			★
长白山	I_1、II_2、III_1、IV_2	★★★	★★★	★★	★	★★★★★
长江淡水鱼	III_3			★★★		★★★
长江三峡	I_3、II_1、IV_2	★★★	★★★		★★	★★★★★
大理苍山	I_1、IV_1	★★			★★★	★★★★
藏布巴东瀑布群	II_3		★★			★★
柴达木梭梭林	III_1			★		★
车八岭	I_1	★				★
赤水丹霞	I_4、III_1	★★★		★★		★★★★
崇明东滩	II_4、III_3		★★	★		★★
大巴山	I_1	★★				★★
大别山	I_1	★★				★★
大渡河金口大峡谷	I_3	★★				★★
大洪山	I_1	★				★
大连斑海豹栖息地	III_3			★★		★★
大明山	I_1	★				★
大青山	I_1	★				★
大山包	I_1、II_4、III_3	★★	★★	★		★★★
大围山	I_1	★				★
大兴安岭	I_1、II_4、III_1、IV_2	★★★	★★	★★★	★★★	★★★★★
大瑶山	I_1	★				★
戴云山	I_1	★				★
黛眉山	I_1	★★				★★
丹霞山	I_4、IV_2	★★★			★★	★★★★
稻城三神山	I_1	★★				★★
德天瀑布	II_3		★★★			★★★
鼎湖山	I_1、III_1	★		★★		★★
东方红湿地	II_4		★			★

名称	类型	评价				
		I	II	III	IV	综合
东寨港红树林	III$_1$			★★		★★
洞庭湖	II$_2$、III$_3$		★★	★★		★★★
敦煌	I$_2$、IV$_2$	★			★★	★★
峨眉山	I$_1$、IV$_1$、IV$_2$	★★★			★★★	★★★★
额济纳胡杨林	III$_1$			★		★
鄂尔多斯草原	III$_2$			★		★
梵净山	I$_1$、III$_3$、IV$_1$、IV$_2$	★★		★★★	★★★	★★★★★
房山地质遗迹	I$_7$	★★★				★★★
丰都雪玉洞	I$_5$	★★				★★
凤凰山	I$_1$	★				★
佛子山	I$_1$	★				★
伏牛山	I$_1$	★★★				★★★
浮山	I$_1$	★				★
富春江	II$_1$		★			★
甘家湖梭梭林	III$_1$			★★		★★
甘南玛曲草原	III$_2$			★		★
冈仁波齐	I$_1$	★★				★★
高黎贡山	I$_1$、III$_1$、IV$_1$	★★★		★★	★★	★★★★★
格尔木昆仑山	I$_1$	★★				★★
贡嘎山	I$_1$	★★				★★
古尔班通古特沙漠	I$_2$	★★				★★
冠豸山	I$_1$	★				★
桂平西山	I$_1$	★				★
海子山	I$_1$	★★				★★
贺兰山	I$_1$	★				★★
黑河湿地	II$_4$		★			★
黑叶猴栖息地	III$_3$			★		★
恒山	I$_1$	★★				★★
衡山	I$_1$、IV$_2$	★★			★★	★★★
洪泽湖	II$_2$		★			★
呼伦贝尔草原	II$_2$、III$_2$、IV$_2$		★	★★★	★★	★★★★
壶瓶山	I$_1$	★				★
虎伯寮	I$_1$	★				★
华山	I$_1$、IV$_2$	★★			★★	★★★
华蓥山	I$_1$	★				★

名称	类型	评价				
		I	II	III	IV	综合
浣江—五泄	II_1		★			★
黄果树瀑布	II_3		★★			★★
黄海滩涂日出	IV_2				★	★
黄河壶口瀑布	II_3		★★★			★★★
黄河晋陕大峡谷	I_3	★★				★★
黄河口迁徙鸟类	III_3			★★		★★
黄河三角洲	II_4		★★			★★
黄河蛇曲	I_6	★★				★★
黄河石林	I_6	★★				★★
黄龙洞	I_5	★★★				★★★
黄山	I_1、III_3、IV_1	★★★		★★	★★★	★★★★★
火石寨	I_4	★				★
蓟县地质遗迹	I_7	★★				★★
尖峰岭热带雨林	III_1			★★		★★
江郎山	I_4	★★★				★★★
金佛山	I_5	★★★				★★★
金沙江虎跳峡	I_3	★★				★★
金银滩草原	III_2			★		★
井冈山	I_1、IV_1	★★			★	★★
靖宇火山群	I_6	★★				★★
镜泊湖	II_2		★★★			★★★
九华山	I_1、IV_2	★★			★	★★
九寨沟	II_2、II_3、III_3、IV_1		★★★	★★★	★	★★★★★
科尔沁草原	III_2			★		★★
克什克腾地质遗迹	I_7	★★★				★★★
崆峒山	I_1	★				★
澜沧江梅里大峡谷	I_3	★★				★★
琅琊山	I_1	★				★
崀山	I_4	★★★				★★★
崂山	I_1、IV_2	★★			★★	★★★
老君山	I_1、III_3	★★		★★		★★★
老爷岭	I_1、III_3	★★		★★★		★★★★
乐业大石围	I_5	★★★				★★★
雷公山	I_1	★				★
雷琼火山群	I_6	★★★				★★★

名称	类型	评价				
		I	II	III	IV	综合
骊山	I₁	★				★
漓江山水	I₅、II₁、IV₂	★★★	★★★		★★	★★★★★
利川腾龙洞	I₅	★★				★★
荔波喀斯特	I₅、III₁	★★★		★★★		★★★★★
辽河三角洲湿地	II₄、IV₂		★★		★	★★
林虑山	I₁	★				★
灵武地质遗迹	I₇	★				★
六盘山	I₁	★				★
龙虎山	I₄	★★★				★★★
庐山	I₁、IV₁	★★★			★★★	★★★★★
泸沽湖	II₂、IV₂		★★		★★	★★★
路南石林	I₅	★★★				★★★
轮台胡杨林	III₁			★★★		★★★
罗布泊	I₂、III₃	★★		★★		★★★
罗平峰林	I₅、IV₁	★★			★★	★★★
罗平九龙瀑布	II₃		★★			★★
吕梁山	I₁	★				★
玛旁雍错	II₄		★★			★★
麦地卡湿地	II₄		★			★
麦积山	I₁	★★				★★
毛垭高寒大草原	III₂			★★		★★
梅里雪山	I₁、III₃、IV₁、IV₂	★★		★★	★★	★★★★
梅岭	I₁	★				★
米仓山	I₁	★★				★★
鸣沙山月牙泉	I₂	★★				★★
那曲高寒草原	III₂			★★		★★
纳木错	II₂、IV₂		★★★		★★	★★★★
纳帕海湿地	II₂		★			★
南滚河	II₁		★★			★★
南迦巴瓦	I₁	★★				★★
南岭	I₁	★★				★★
南山	I₁	★★				★★
牛背山云海	IV₁				★★	★★
怒江大峡谷	I₃	★★★				★★★
平罗沙湖	II₂、III₃		★	★		★★

名称	类型	评价				
		I	II	III	IV	综合
鄱阳湖	II_2、III_3		★★★	★★★		★★★★★
普陀山	I_1、IV_1、IV_2	★★			★★	★★★
齐云山	I_1、IV_1	★★			★	★★
祁连山	I_1、III_2	★★		★★		★★★
钱江源	I_1	★				★
羌塘	II_4、III_2、IV_2		★★★	★★	★★	★★★★★
秦岭	I_1、III_3、IV_1	★★★		★★★	★	★★★★★
青海湖	II_2、IV_2		★★★		★★	★★★★
清源山	I_1	★				★
荣成大天鹅栖息地	III_3			★★		★★
若尔盖	II_4		★★★			★★★
塞罕坝	II_4、III_2		★	★		★
赛里木湖	II_2、IV_2		★		★	★
三江并流景观	II_1		★★★			★★★
三江平原湿地	II_4、III_3		★★	★★		★★★
三江源	II_1、III_3		★★★	★★★		★★★★★
三清山	I_1、IV_1	★★★			★★★	★★★★★
色林错	II_2		★★			★★
沙坡头	I_2、IV_2		★★		★	★★
神农架	I_1、III_1、III_3、IV_1	★★★		★★★	★★	★★★★★
十万大山	I_1	★				★
蜀南竹海	III_1			★★		★★
四姑娘山	I_1	★★				★★
四面山	I_1	★				★
嵩山	I_1、IV_2	★★★			★	★★★
塔克拉玛干沙漠	I_2、IV_2	★★★			★★	★★★★
塔里木河	II_1		★★			★★
太行山	I_1、I_3、III_3	★★		★★		★★★
太姥山	I_1	★				★
太阳河	I_1	★				★
泰宁丹霞	I_4	★★★				★★★
泰山	I_1、IV_2	★★★			★★★	★★★★★
桃花源	I_1	★				★
腾冲火山	I_6	★★				★★
腾格里	I_2	★★				★★

名称	类型	评价				
		I	II	III	IV	综合
天津古海岸与湿地	II$_4$、III$_3$		★★	★		★★
天目山	I$_1$、III$_3$	★★		★★		★★★
天山	I$_1$、II$_2$、III$_1$、IV$_1$	★★★	★★★	★★	★	★★★★★
天台山	I$_1$	★				★
天柱山	I$_1$、IV$_2$	★★★			★	★★★
吐鲁番火焰山	I$_1$	★★				★★
托木尔峰	I$_1$	★				★
万佛山	I$_1$	★				★
卧龙大熊猫	III$_3$			★★★		★★★
梧桐山	I$_1$	★				★
五大连池	I$_6$、II$_2$	★★★	★★★			★★★★★
五台山	I$_1$、IV$_2$	★★★			★★★	★★★★★
五指山	I$_1$、IV$_1$	★★			★	★★
武安地质遗迹	I$_7$	★				★
武当山	I$_1$、IV$_2$	★★			★	★★
武功山	I$_1$	★★				★★
武隆芙蓉洞	I$_5$	★★★				★★★
武夷山	I$_4$、II$_1$、III$_3$、IV$_1$	★★★	★	★★	★★	★★★★★
雾灵山	I$_1$、IV$_1$	★			★	★
西樵山	I$_1$	★				★
西双版纳	III$_1$、III$_3$			★★★		★★★
锡林郭勒草原	III$_2$、IV$_2$			★★	★★	★★★
喜马拉雅山日出	IV$_2$				★★	★★
仙居	I$_1$	★				★
湘西凤凰	I$_7$	★				★
响堂山	I$_1$	★				★
向海	II$_4$、III$_3$		★	★		★
象头山	I$_1$	★				★
小兴安岭	I$_1$、II$_4$、III$_1$、IV$_1$	★★	★★	★★	★	★★★★
兴凯湖	II$_2$、IV$_2$		★★		★★	★★★
兴文石海	I$_5$	★★★				★★★
兴义万峰林	I$_5$	★★				★★
雪峰山	I$_1$	★				★
鸭绿江	II$_1$		★★			★★
雅砻河	II$_1$		★★			★★

名称	类型	评价				
		I	II	III	IV	综合
雅鲁藏布江大峡谷	I_3	★★★				★★★
延庆地质遗迹	I_7	★★				★★
盐城湿地	II_4、III_3	★★		★★		★★★
雁荡山	I_1、IV_1	★★★			★★	★★★★
羊八井	I_7	★				★
药山	I_1	★				★
伊犁草原	III_2、IV_2			★★	★★	★★★
伊通火山群	I_6	★★				★★
沂蒙山	I_1	★				★
酉阳桃花源	I_1	★				★
玉龙雪山	I_1、III_3	★★		★		★★
云台山	I_1	★				★
札达土林	I_7	★★				★★
扎龙湿地	II_4、III_3		★★	★★★		★★★★
湛江红树林	III_1			★★		★★
张家界	I_1、IV_1	★★★			★★	★★★★
张掖丹霞	I_4	★★				★★
郑州黄河	I_7、II_4	★	★★			★★
织金洞	I_5	★★★				★★★
珠江口中华白海豚	III_3			★★		★★
珠江三角洲湿地	II_4		★			★
珠穆朗玛峰	I_1	★★★				★★★
子午岭	I_1、III_3	★★		★		★★
自贡恐龙遗迹	I_7	★★★				★★★

注：★数量越多，自然景观等级越高。

第7章　中国生态系统服务功能格局

我国生态系统具有重要的生态功能，为保障国家生态安全发挥着重要作用。本章在生态系统的水源涵养、土壤保持、防风固沙、洪水调蓄等服务功能评估的基础上，明确生态系统服务功能重要性空间分布。从保障生态系统服务持续供给、保障生态安全角度，为国家公园规划提供依据。

7.1　水源涵养

将水源涵养重要性划分为 4 个等级，分别为极重要、重要、中等重要和一般。我国生态系统水源涵养量极重要区面积为 143.39 万平方千米，约占全国国土总面积的 15.18%，主要分布在大兴安岭、小兴安岭、长白山、秦岭、大巴山、岷山、武夷山区、海南中部山区、横断山区、藏东南等地；重要区面积为 101.58 万平方千米，约占全国国土总面积的 10.75%；中等重要地区总面积约为 80.18 万平方千米，约占全国国土总面积的 8.48%（图 7-1）。

7.2　土壤保持

全国划分为东北黑土区、北方土石山区、西北黄土高原区、南方红壤丘陵区和西南土石山区，根据土壤保持量的多少，将土壤保持重要性划分为极重要、重要、中等重要和一般，得到全国生态系统土壤保持重要性空间分布格局（图 7-2）。

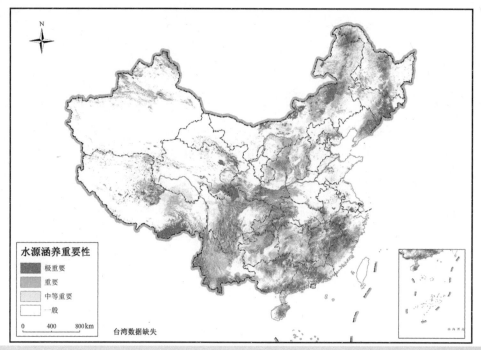

图 7-1　中国生态系统水源涵养重要性空间格局

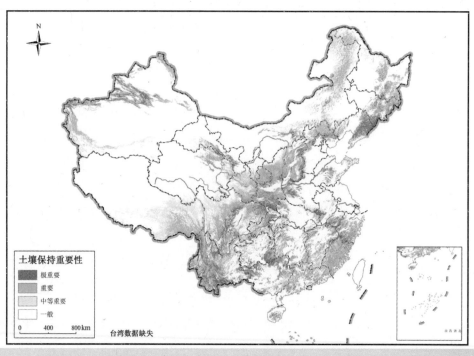

图 7-2　中国生态系统土壤保持重要性空间格局

2010 年，我国生态系统土壤保持极重要地区总面积为 63.82 万平方千米，约占全国国土面积的 6.73%，主要分布在长白山、燕山—太行山脉、黄土高原、祁连山、天山、横断山脉、秦巴山地、苗岭和皖南山区等。重要地区总面积 76.43 万平方千米，约占国土面积的 8.06%，主要分布在黄土高原、秦岭、川西高原、藏东南和东南丘陵。中等重要地区总面积约 104.82 万平方千米，约占国土面积的 11.06%，主要分布在大兴安岭、陇南地区、川西—藏东地区、云贵高原以及南岭山脉。一般区域总面积为 702.66 万平方千米，约占国土面积的 74.14%，主要分布在西北地区、东北平原、华北平原以及青藏高原。

7.3　防风固沙

将防风固沙重要性划分为 4 个等级，分别为极重要、重要、中等重要和一般。

防风固沙功能极重要区面积为 30.61 万平方千米，占国土面积的 3.24%，集中分布在科尔沁沙地东部的东北平原、浑善达克沙地、吕梁山和太行山所处的山西高原、鄂尔多斯高原、阿拉善高原、河西走廊和准噶尔盆地等区域（图 7-3）。

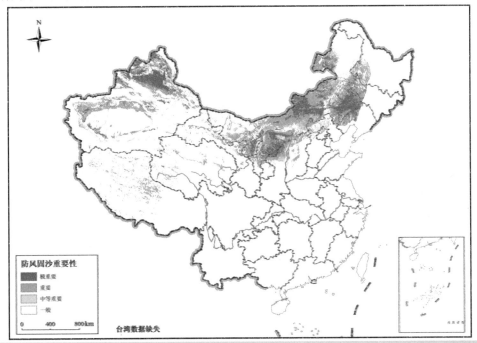

图 7-3　中国生态系统防风固沙重要性空间格局

防风固沙功能重要区面积44.1万平方千米，占国土面积的4.66%，海河平原、山东半岛、兰州东南部的陇中高原、科尔沁沙地北部松辽分水岭、浑善达克沙地以西及阴山以北的内蒙古高原、阴山以南的河套平原、贺兰山东部的宁夏平原为主要分布区，而青藏高原、阿拉善高原、东北平原、准噶尔盆地和环塔里木盆地也有重要区呈斑块分布。

防风固沙功能中等重要区面积60.7万平方千米，占国土面积的6.42%，分布较为集中的区域有黄土高原、内蒙古高原、阿拉善高原、东北平原、青藏高原和准噶尔盆地。海河平原、淮河平原、河西走廊也有一定的中等重要区分布。

7.4　洪水调蓄

主要评估了全国湿地生态系统（湖泊、水库、沼泽）的洪水调蓄能力，2010年的总量为6007.69亿立方米。其中水库调蓄能力最强，为2506.85亿立方米，约占总调蓄能力的41.73%，主要分布在中东部城市周边；其次是湖泊，约为2133.88亿立方米，占总调蓄能力的35.52%，主要分布在青藏高原和长江中下游地区；沼泽调蓄能力为1366.95亿立方米，约占22.75%，主要分布在青藏高原、大兴安岭和三江平原（图7-4）。

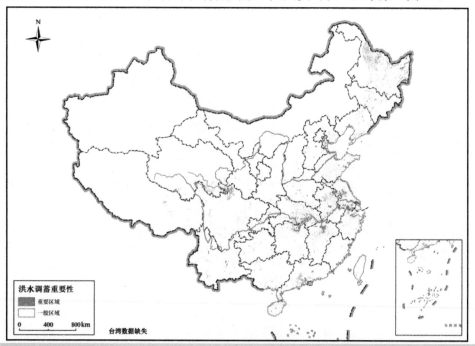

图7-4　中国生态系统洪水调蓄重要性空间格局

湖泊的洪水调蓄功能主要集中在西部和中部省份，以西藏和青海最强，其湖泊调蓄能力分别为 832.47 亿立方米和 396.84 亿立方米，各占全国湖泊调蓄能力的 39.01%和 18.60%。

水库的洪水调蓄功能主要集中在中部和东部省份，以湖北省最强，其水库调蓄能力为 347.25 亿立方米，约占全国水库调蓄能力的 13.85%。

沼泽的洪水调蓄功能主要集中在西部和东北部省份，以内蒙古最强，其沼泽调蓄能力为 357.24 亿立方米，约占全国沼泽调蓄能力的 26.13%。

7.5　生态系统服务功能重要性综合特征

通过对生态系统的水源涵养、土壤保持、防风固沙、洪水调蓄等生态系统服务功能重要性空间分布的综合评估，我国生态系统服务功能极重要区面积为 325.51 万平方千米，占全国国土面积的 34.4%，主要分布于大兴安岭、小兴安岭、长白山、阴山、黄土高原、祁连山、天山、秦巴山地、三江源、藏东南、横断山区、川西高原、东南丘陵区和海南中部山区等地；重要区面积为 183.81 万平方千米，占全国国土面积的 19.4%，主要分布于呼伦贝尔、河套平原、陕北高原、准噶尔盆地、塔里木盆地周边、藏北高原以及云贵高原等地（图 7-5）。

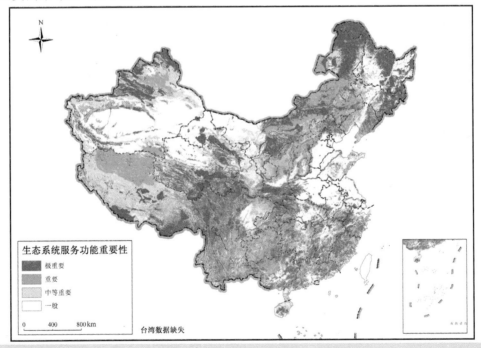

图 7-5　中国生态系统服务功能重要性综合空间特征

　　生态系统服务功能极重要区和重要区总面积为 509.32 万平方千米，占国土面积的 53.8%，提供了全国土壤保持总量的 83.2%，水源涵养总量的 82.7%，固沙总量的 78.0%，维持生物多样性自然栖息地总面积的 79.5%。

第8章　中国海洋生态系统、保护物种及自然景观空间特征

我国由北向南依次分布着渤海、黄海、东海和南海四大海洋生态系统。渤海位于渤海海盆，面积约 7.7 万平方千米，平均水深 25 米，盐度仅 30‰。表层水温夏季达 21℃，冬季 0℃左右，属于温带海洋。渤海分布着辽东湾、渤海湾和莱州湾，分别注入辽河—双台子河、海河和黄河，是我国许多主要鱼类的产卵场和育幼场。

黄海位于黄海海盆，面积约 38 万平方千米，平均深度 44 米，盐度平均 31‰～32‰；表层水温度夏季为 25℃，冬季为 2～8℃，属于温带海洋类型。夏季，黄海海盆东部深槽区出现冷水团，形成独特的生态系统，入海河流主要有鸭绿江。

东海西部为水深不到 200 米的陆架，东部是深达千米的冲绳海槽，面积达 77 万多平方千米。陆架区平均盐度为 31‰～32‰，东部为 34‰。海水温度平均 9.2℃，属于亚热带海洋。东海的入海河流主要有长江、钱塘江、瓯江等，东海东部常年受发源于赤道的高温高盐的黑潮暖流影响。东海分布着世界著名的舟山渔场，是我国许多经济鱼类的越冬场，盛产大黄鱼、小黄鱼、刀鱼、墨鱼等。

南海是世界第三大陆架边缘海，面积约 356 万平方千米，平均水深约 1212 米，最深处达 5567 米；南海盐度平均 35‰，海水表层水温平均 25～28℃，年温差小（3～4℃），终年高温高湿，属热带海洋。入海河流主要有珠江、红河、湄公河、湄南河等。南海分布诸多珊瑚岛礁，包括东沙群岛、西沙群岛、中沙群岛和南沙群岛。南海物种多样性独特，渔业资源丰富，盛产海龟、海参、牡蛎、马蹄螺、金枪鱼、红鱼、鲨鱼、大龙虾、梭子鱼、墨鱼、鱿鱼等。

我国海域自北向南纵跨温带、亚热带和热带 3 个气候带，季风特征显著，热带气旋影响大。我国海域辽阔，海岸线漫长，拥有大陆岸线 1.8 万多千米，岛屿岸线 1.4 万多千米，分布着辽东、胶东和雷州三大半岛以及渤海、台湾和琼州三大海峡，主要入海河流 17 条，拥有面积 100 平方千米以上的海湾 50 多个，面积 500 平方米以上的海岛 7300多个，其中有居民海岛 400 多个。我国海岛总体呈现近岸岛多、远岸岛少，北方岛少、

南方岛多的特征。我国海域海洋生物 2.8 万多种，共有 21 种（类）海洋动物被纳入国家重点保护名录。

本章通过对我国海洋生态系统、生物多样性和自然景观特征的分析，划分海洋生态优先区，并根据海洋保护区、海洋生态红线等，为海洋国家公园建设候选名单提供基础。

8.1　海洋生态系统特征及生态地理分区

我国拥有世界海洋大部分生态系统类型，包括入海河口、海湾、滨海湿地、珊瑚礁、红树林、海草床等浅海生态系统以及岛屿生态系统等，具有各异的环境特征和生物群落。

8.1.1　河口生态系统

入海河口是淡水生态系统和海洋生态系统的生态过渡区，具有独特的沉积环境、水动力特征、化学特征和生态过程，是近海生态系统的主要营养物质来源（刘静等，2017）。我国入海河口 18 个，包括鸭绿江口、辽河口、双台子河口、北戴河口、滦河口、海河口、黄河口、灌河口、长江口、钱塘江口、甬江口、瓯江口、椒江口、闽江口、九龙江口、韩江口、珠江口和北仑河口等。根据国家海洋局发布的《中国海洋环境状况质量公报》，我国对主要的典型河口生态系统开展了海洋生态环境监测。

8.1.2　海湾生态系统

海湾是被陆地环绕且面积不小于以口门宽度为直径的半圆面积的海域。海湾最突出的自然属性就是环境条件相对封闭，风浪较小，水交换周期长。海湾具有环境因子复杂多变、生产力高、生境多样化、受人类活动影响大的特点（赵漫等，2015）。我国海湾数量众多，面积在 100 平方千米以上的有 50 多个，面积在 10 平方千米以上的有 160 多个，面积在 5 平方千米以上的有 200 个左右（黄小平等，2016）。我国著名海湾主要有辽东湾、渤海湾、莱州湾、胶州湾、海州湾、杭州湾、象山湾、厦门湾、大亚湾、湛江湾、钦州湾和海口湾等。海湾作为海岸平原及浅水海域的一部分，由于其独特的自然条件和区位优势，海湾生态系统为人类提供生物资源、水质净化、气候调节等生态服务功能。海湾是我国经济发展的心脏地带，在我国经济建设和社会发展中具有不可替代的地位，是海湾型城市经济社会发展不可缺少的重要组成部分。因此，海湾的综合开发利用，在整个海岸带的开发利用中占有特别重要的地位（张云等，2012；黄小平等，2016）。

8.1.3　海岛生态系统

海岛生态系统类型丰富、发育独特，但同时由于海岛陆地面积狭小、物种较为单一，与外部生态系统的物质流、能量流交换匮乏，一旦海岛生态系统受到外部干扰，其生态系统的稳定性就很容易受到破坏，而且很难恢复到原始状态。海岛生态系统与其他类型生态系统相比，具有十分突出的脆弱性。

海岛是我国国土的重要组成部分，是特殊的海洋资源与环境复合区。海岛作为我国的国防前沿和海洋生态系统的重要组成部分，有很高的安全、经济和环境价值。海岛既是拓展蓝色经济空间的重要依托，也是保护海洋环境的重要平台。我国管辖海域辽阔，海岛众多，共有海岛 11000 余个，海岛总面积约占我国陆地面积的 0.8%。浙江省、福建省和广东省海岛数量位居前三位。我国海岛按其成因可分为 3 类：基岩岛、冲积岛和珊瑚礁岛，包括了世界海岛所有类型。我国海岛中，面积超过 1000 平方千米的海岛依次为台湾岛、海南岛、崇明岛。另外，我国还拥有长山群岛、庙岛群岛、舟山群岛、万山群岛、西沙群岛、东沙群岛、中沙群岛和南沙群岛 8 大群岛。

我国海岛分布不均，总体呈南方多、北方少，近岸多、远岸少，有居民岛多、无居民岛少的特点。按海域划分，东海海岛数量约占我国海岛总数的 59%，南海海岛约占 30%，黄海和渤海海岛各约占 11%。按离岸距离划分，距大陆小于 10 千米的海岛数量占总数的 57%，10～100 千米的占 39%，大于 100 千米的占 4%。我国海岛有居民海岛 455 个，无居民海岛 212 个。

海岛及其周边海域作为特殊地理单元，是保护海洋环境、维护生态平衡的重要平台，是红树林、珊瑚、海龟、候鸟等珍稀物种的栖息地和迁徙地，生态环境相对独立、脆弱，极易在遭到干扰后产生严重的生态环境问题。因此，应该大力加强海岛生态系统的保护，尤其是要保护海岛特色或海岛特有的生态系统和生物物种，维护海岛生态系统健康，建设海洋生态文明。

8.1.4　滨海湿地生态系统

滨海湿地是海陆交界的生态过渡带，兼具海、陆特征的生态类型，具有特殊的水文、植被和土壤特征。滨海湿地是重要的生命支持系统，是沿海地区经济社会可持续发展的重要生态屏障（崔鹏等，2016）。滨海湿地生态系统是具有极高生态价值的生态系统类型（王毅杰等，2013）。我国滨海湿地主要分布在沿海的 11 个省（区、市）和港澳台地区，包括辽宁省辽河三角洲、大连湾、鸭绿江口、辽东湾；河北省北戴河、滦河口；天津市天津沿海湿地；山东省黄河三角洲及莱州湾、胶州湾；江苏省盐城滩涂、海州湾；上海市崇明东滩、江南滩涂、奉贤滩涂；浙江省杭州湾、乐清湾、象山湾、三门港；福建省福清湾、九龙江口、泉州湾、晋江口；广东省珠江口、湛江口、广海湾、深圳湾；广西壮族自治区铁山港和安铺港、钦州湾以及海南省东寨港、清澜港和新盈港。

滨海湿地以杭州湾为界，分为杭州湾以北和杭州湾以南两部分。杭州湾以北的滨海湿地，除山东半岛东北部和辽东半岛的东南部基岩性海滩外，多为砂质和淤泥质海滩。由环渤海浅海滩涂湿地和江苏浅海滩涂湿地组成。杭州湾以南滨海湿地以基岩性海滩为主，在各主要河口及海湾的淤泥质海滩上分布有红树林，从海南省至福建省北部沿海滩涂及台湾西海岸均有天然红树林分布。在西沙群岛、南沙群岛及台湾、海南沿海分布有热带珊瑚礁。

8.1.5 红树林生态系统

红树林生态系统是滨海湿地生态系统的重要类型之一，具有重要的生态服务功能，为我国近海经济发展提供生态屏障，在防风消浪、护堤保岸和维持生物多样性方面发挥着重要作用。我国红树林从北到南依次分布在浙江、福建、广东、广西、海南以及香港、澳门和台湾，集中分布在海南、广西和广东沿岸，占全国红树林总面积的 97%（吴培强等，2013）。

加强红树林保护与管理的重要措施之一是建立各级自然保护区。至今，我国建立的以红树林为主要保护对象的保护区 23 个，保护区总面积约 650 平方千米，其中红树林面积约 167 平方千米，占我国现有红树林总面积的 75.9%，为我国红树林湿地的有效保护提供了重要基础。此外，还有一批红树林湿地被列入国际重要湿地名录，如海南东寨港、广东湛江、香港米埔、广西山口等红树林湿地。

8.1.6 珊瑚礁生态系统

珊瑚礁生态系统是热带海洋最突出且最具代表性的生态系统。珊瑚礁生物群落是海洋环境中种类最丰富、多样性程度最高的生物群落，具有较高的生物多样性和生产力，是典型的海洋生态系统之一。珊瑚礁具有多种生态功能，不仅向人类社会提供海产品、药品、建筑和工业原材料，而且防岸护堤、保护环境，一直以来都是重要的生命支持系统（赵美霞等，2006）。我国的珊瑚礁主要集中分布在中国南海的南沙群岛、西沙群岛、东沙群岛，以及台湾省、海南省周边，少量不成礁的珊瑚分布在香港、广东、广西的沿岸，从福建省东山岛到广东省雷州半岛，从台湾北部钓鱼岛到广西涠洲岛。海南是全国珊瑚礁面积最大的省份，而且珊瑚的种类也是全国最多的。

8.1.7　海草床生态系统

海草床是地球生物圈中最富有生产力、服务功能价值最高的生态系统之一。海草床是典型海洋生态系统之一，是全球海洋生态与生物多样性保护的重要对象（郑凤英等，2013）。我国海草分布区划分为中国南海海草分布区和中国黄渤海海草分布区两个大区。南海海草分布区包括海南、广西、广东、香港、台湾和福建沿海，黄渤海海草分布区包括山东、河北、天津和辽宁沿海。我国现有海草床的总面积约为 87.65 平方千米，分布在海南、广西、广东、香港、台湾、福建、山东、河北和辽宁 9 个省（区）。南海区海草床在数量和面积上均明显大于黄渤海区。

8.1.8　黄海冷水团

黄海冷水团是出现在黄海的一种独特的水文现象，具有典型的季节特征，属季节性水团。春季，随着温跃层的出现，黄海冷水团也开始形成，到春末，随着温跃层的发展，冷水团完全成型，7—8 月为温跃层的强盛期，同时也是冷水团的鼎盛时期，进入仲秋，温跃层强度减弱，冷水团也处于衰消期，到 12 月，温跃层和冷水团几乎同时消失（于非等，2006）。黄海冷水团为中华哲水蚤等许多冷水种提供了度夏的庇护所，具有独特的生物多样性。

8.1.9　南海上升流

上升流是一种海水垂直向上的运动现象，通常因表层水体辐散所致，是海洋环流中的重要组成部分。上升流可以把底层营养盐带到表层，为浮游植物的生长提供物质基础，进而为浮游动物、鱼类、虾类等生物提供生存条件，其对海洋资源开发和利用，特别是对渔业生产具有重要意义。上升流是世界海洋最肥沃的海域之一。无论是南海北部、中部还是南部海域的优良渔场，其往往与上升流存在着密切关系（孙鲁峰等，2012；王新星等，2015）。南海主要的上升流包括台湾浅滩上升流、粤东沿岸上升流、粤西沿岸上升流、琼东上升流、南海中西部上升流和吕宋岛西北部上升流。

8.2　海洋保护物种空间特征

8.2.1　海洋保护物种特征

我国海域记录的海洋生物有 28000 余种，分属 59 个门类，占全球海洋已知物种数的 10%以上（黄宗国等，2012）。其中，藻类 2477 种，原生动物 2897 种，棘皮动物 588 种，虾蟹等甲壳动物 4320 种，贝类等软体动物 3914 种，鱼类 3213 种（刘瑞玉，2011）。据不完全统计，我国海域鱼类物种数占世界总数的 14%，头足类占 14%，蔓足类占 24%，昆虫占 20%，红树占 43%，海鸟占 23%，造礁石珊瑚约占印度—西太平洋区的 1/3（王斌，1999）。

根据 1988 年国务院批准的《国家重点保护野生动物名录》，海洋动物共有 21 种（类）纳入国家重点保护名录。国家一级保护海洋动物 7 种（类），包括中华白海豚、儒艮、库氏砗磲、鹦鹉螺、红珊瑚属所有种、多鳃孔舌形虫、黄岛长吻虫。国家二级保护海洋动物 14 种（类），包括斑海豹、黄唇鱼、松江鲈、棱皮龟、太平洋丽龟、绿海龟、蠵龟、玳瑁、克氏海马鱼、大珠母贝、虎斑宝贝、唐螺（俗称唐冠螺）、文昌鱼和鲸目其他所有种（列入一级保护的除外）。

根据 2015 年农业部提出的《〈国家重点保护野生动物名录〉水生野生动物调整方案》（报审稿），海洋动物共有 39 种（类）纳入国家保护名录。国家一级保护海洋动物 8 种（类），包括中华白海豚、儒艮、海龟科所有种、库氏砗磲、鹦鹉螺、红珊瑚属所有种、多鳃孔舌形虫、黄岛长吻虫。国家二级保护海洋动物 31 种（类），包括斑海豹、黄唇鱼、松江鲈、棱皮龟、海蛇亚科所有种、扁尾海蛇亚科所有种、海蛙、海马属所有种、刁海龙、三崎柱头虫、短殖舌形虫、肉质柱头虫、黄殖翼柱头虫、青岛橡头虫、鲨科所有种、大珠母贝（俗称白蝶贝）、砗磲科其他种、栉江珧、夜光蝾螺、虎斑宝贝、冠螺螺（俗称唐冠螺）、法螺、石珊瑚目所有种、苍珊瑚、笙珊瑚、海底柏属所有种、竹节柳珊瑚属所有种、多孔螅科所有种、柱星螅科所有种、文昌鱼属所有者和鲸目其他所有种（列入一级保护的除外）。

另外，我国海域有分布并被列入《濒危野生动植物物种国际贸易公约》（CITES）附录的海洋物种共有 34 种（类）（标★表示也列入《国家重点保护野生动物名录》）。

CITES 附录Ⅰ的物种有 12 种（类），包括★露脊鲸属所有种、★小鳁鲸、★鳁鲸、

★鳁鲸、★蓝鲸、★大村鲸、★长须鲸、★座头鲸、★灰鲸、★抹香鲸、★儒艮和★锯鳐科所有种。

列入 CITES 附录 II 的物种有 17 种（类），包括★鲸目所有种（除被列入附录 I 的物种）、★长鳍真鲨、★路氏双髻鲨、★无沟双髻鲨、★锤头双髻鲨、★前口蝠鲼属所有种、★蝠鲼属所有种、★鲸鲨、★鲟形目所有种（除被列入附录 I 的物种）、★波纹唇鱼（俗称苏眉）、★海马属所有种、★砗磲科所有种、★鹦鹉螺科所有种、★角珊瑚目所有种、★石珊瑚目所有种（化石不受公约管制）、★多孔螅科所有种（化石不受公约管制）、★柱星螅科所有种（化石不受公约管制）。

列入 CITES 附录 III 的物种有 4 种，包括★瘦长红珊瑚、★日本红珊瑚、★皮滑红珊瑚、★巧红珊瑚。

8.2.2　海洋物种保护优先区

综合考虑我国海洋保护物种富集度、丰富度以及重要和典型海洋生态系统的分布情况，在黄海、东海和南海选划了 52 个海洋物种保护优先区，其中黄海 11 个、东海 20 个，南海 21 个，总面积约 80 万平方千米，占我国管辖海域总面积的 26.7%（国家海洋局第三研究所，2013）。优先区内分布着《国家重点保护水生野生动物名录》记录的国家一级和二级保护物种以及《中国物种红色名录》（第一卷～第三卷）所记录的全部极危和濒危等级物种。

根据保护对象的重要程度及保护的急迫性，将优先区分为三个等级，其中，一级优先区 15 个，面积约 5.8 万平方千米，占我国管辖海域面积的 1.9%；二级优先区 18 个，面积约 60.8 万平方千米，占我国管辖海域面积的 20.3%；三级优先区 19 个，面积约 12.7 万平方千米，占我国管辖海域面积的 4.2%。

一级优先区 15 个，总面积约 5.8 万平方千米（表 8-1）。

表 8-1　一级优先区

海区	优先区名称	优先等级
黄海	辽东半岛东部周边海域	一级
	盘山营口周边海域	一级
东海	废黄河口及盐城周边海域	一级
	长江口及周边海域	一级
	南北麂列岛海域	一级
	东山湾	一级

海区	优先区名称	优先等级
南海	惠州周边海域	一级
	珠江口及周边海域	一级
	湛江周边海域	一级
	徐闻周边海域	一级
	涠洲岛及铁山港海域	一级
	防城港周边海域	一级
	合浦周边海域	一级
	环海南岛西南周边海域	一级
	环海南岛东南周边海域	一级

二级优先区 18 个，总面积约 60.8 万平方千米，其中，近岸海域面积约 5.6 万平方千米，三沙岛礁区面积约 55.2 万平方千米（表 8-2）。

表 8-2　二级优先区

海区	优先区名称	优先等级
黄海	丹东滨海湿地	二级
	渤海湾沿岸海域	二级
	莱州湾沿岸海域	二级
	山东半岛北部周边海域	二级
东海	兴化湾	二级
	闽江口及周边海域	二级
	平潭岛海域	二级
	厦门周边海域	二级
南海	南澳岛海域	二级
	汕头海陆丰周边海域	二级
	珠江口外海	二级
	大亚湾大鹏湾	二级
	阳江周边海域	二级
	环海南岛西北周边海域	二级
	钦州周边海域	二级
	西沙岛礁区	二级
	中沙岛礁区	二级
	南沙岛礁区	二级

三级优先区 19 个，总面积约 13.4 万平方千米，其中，近岸海域面积约 7.8 万平方千米，其他区域约 5.6 万平方千米（表 8-3）。

表 8-3　三级优先区

海区	优先区名称	优先等级
黄海	辽东半岛西部周边海域	三级
	山东半岛北部外海	三级
	山东半岛南部周边海域	三级
	胶州湾及临近海域	三级
	黄海冷水团	三级
东海	苏北辐射沙洲北翼	三级
	苏北辐射沙洲南翼	三级
	杭州湾近岸海域	二级
	瓯江口及洞头列岛海域	三级
	象山港及三门湾	三级
	三沙湾罗源湾	三级
	湄洲湾	三级
	泉州湾及周边海域	三级
	长江淡水与苏北沿岸流及黄海暖流交汇区	三级
	舟外渔场及其周围重要场所	三级
	闽南—台湾浅滩	三级
	台湾暖流及黑潮影响区	三级
南海	钦州湾海域	三级
	北部湾近岸流及上升流	三级

8.3　海洋自然景观空间特征

海洋自然景观包括地质景观、生物景观、海水景观等主要类型。海洋生态系统具有优美的生物景观功能。清澈的海水是海水景观的核心要素。海洋地质景观主要包括基岩海岸、沙滩等要素。海岛是基岩海岸、沙滩和生物的综合类型。

我国海岸线漫长曲折，岛屿众多，海洋旅游资源丰富，具有"滩、岸、景、特、稀、古、科学"七大特点（鹿守本，1996）。我国海洋旅游资源可分为海洋自然旅游资源和海洋人文旅游资源两大类。前者包括海洋生物资源、海洋地貌资源以及海洋水体、气候气象资源等；后者包括海洋古建筑、古遗迹、海洋民俗等资源。

8.3.1 基岩海岸

由坚硬岩石组成的海岸称为基岩海岸。我国基岩海岸长 5000 千米，主要分布在山东半岛、辽东半岛及杭州湾以南的浙、闽、台、粤、桂、琼等省（区）。我国的基岩海岸多由花岗岩、玄武岩、石英岩、石灰岩等各种不同山岩组成。辽东半岛突出于渤海及黄海中间，该处基岩海岸多由石英岩组成。山东半岛伸入黄海，其基岩海岸多为花岗岩。杭州湾以南浙东、闽北等地的基岩海岸多由火成岩组成。闽南、广东、海南的基岩海岸多由花岗岩及玄武岩组成。

我国许多优美的基岩海岸已经选划为地质公园，得到了保护和适度利用，如福建漳州滨海火山国家地质公园、广西北海涠洲岛火山国家地质公园、海南海口石山火山群国家地质公园、深圳大鹏半岛国家地质公园等。

8.3.2 沙滩

中国的岛屿岸线长 14000 千米，具有宝贵海岛海滩旅游资源。作为一种旅游资源，海滩是由海滩地貌、水体、生物、气候气象、人文等多种资源要素组成的集合体，其在构景、造景、育景、成景方面及在各种海滩旅游活动中相互促长、映衬，互为主次，共同塑造优美的海滩环境（李占海等，2000）。我国海滩质量分为优、良、差 3 个等级。

目前，我国主要的海水浴场由北到南有 24 处（表 8-4），包含沙滩娱乐的主要滨海旅游度假区 15 处（表 8-5）。

表 8-4　中国主要海水浴场

序号	海水浴场名称	省（区）
1	葫芦岛绥中	辽宁
2	大连棒棰岛	辽宁
3	秦皇岛北戴河老虎石	河北
4	烟台第一海水浴场	山东
5	威海国际	山东
6	日照海水浴场	山东
7	青岛第一海水浴场	山东
8	连云港连岛	江苏

序号	海水浴场名称	省（区）
9	舟山朱家尖	浙江
10	温州南麂大沙岙	浙江
11	平潭龙王头	福建
12	厦门黄厝	福建
13	漳州东山马銮湾	福建
14	汕头南澳青澳湾	广东
15	汕尾红海湾	广东
16	深圳大梅沙	广东
17	深圳小梅沙	广东
18	江门飞沙滩	广东
19	阳江闸坡	广东
20	防城港金滩	广西
21	北海银滩	广西
22	海口假日海滩	海南
23	三亚海棠湾	海南
24	三亚亚龙湾	海南

表 8-5　中国主要的沙滩滨海旅游度假区

序号	滨海旅游度假区名称	省（市）
1	营口月牙湾	辽宁
2	大连金石滩	辽宁
3	秦皇岛亚运村	河北
4	烟台蓬莱阁	山东
5	烟台金沙滩	山东
6	青岛石老人	山东
7	连云港墟沟	江苏
8	奉贤碧海金沙	上海
9	金山城市沙滩	上海
10	舟山嵊泗列岛	浙江
11	泉州崇武	福建
12	厦门鼓浪屿	福建
13	厦门环岛路东部	福建
14	湛江东海岛	广东
15	三亚亚龙湾	海南

8.3.3 海岛

海岛综合了沙滩、基岩海岸、海水、森林植被等自然景观，是我国极其重要的海洋旅游资源。海岛及其周边海域旅游资源丰富。全国海岛拥有重要自然景观 979 处，各类海水浴场 84 个。截至 2015 年，全国已建成 5A 级涉岛旅游区 4 个（表 8-6），涉及海岛 5 个；4A 级涉岛旅游区 40 个，涉及海岛 345 个；3A 级涉岛旅游区 23 个，涉及海岛 36 个。2016 年 6 月，东山岛、南三岛、南麂列岛、涠洲岛、刘公岛、菩提岛、觉华岛、连岛、海陵岛、三都岛入选 2015 年中国"十大美丽海岛"。永兴岛、洞头岛、特呈岛、大长山岛、蚂蚁岛、上下川岛、哈仙岛、一江山岛、海驴岛和葫芦岛获 2015 年中国"十大美丽海岛"特别提名。

表 8-6 中国 5A 级涉岛旅游区情况

序号	旅游区名称	所在海岛名称	省份
1	山东威海刘公岛景区	刘公岛	山东
2	舟山市普陀山风景名胜区	普陀山岛、洛迦山岛	浙江
3	阳江市海陵岛大角湾海上丝路旅游区	海陵岛	广东
4	分界洲岛旅游区	分界洲	海南

8.3.4 滨海风景名胜区

我国滨海旅游资源极其丰富，有着众多的水光山色、流泉飞瀑、阳光海滩、生物资源等自然风景旅游资源。风景名胜资源是中华民族珍贵的、不可再生的自然文化遗产。截至 2017 年 3 月，我国已建立国家级滨海风景名胜区 12 处（表 8-7）。

表 8-7 中国国家级滨海风景名胜区

序号	风景名胜区名称	省份
1	金石滩风景名胜区	辽宁
2	兴城海滨风景名胜区	辽宁
3	大连海滨—旅顺口风景名胜区	辽宁
4	秦皇岛北戴河风景名胜区	河北
5	青岛崂山风景名胜区	山东
6	胶东半岛海滨风景名胜区	山东

序号	风景名胜区名称	省份
7	普陀山风景名胜区	浙江
8	嵊泗列岛风景名胜区	浙江
9	鼓浪屿—万石山风景名胜区	福建
10	海坛风景名胜区	福建
11	湄洲岛风景名胜区	福建
12	三亚热带海滨风景名胜区	海南

第9章 国家公园空间布局规划方法

在系统评估我国生态系统、重点保护物种、自然景观和生态系统服务功能格局的基础上，根据我国国家公园的定位，提出以严格保护国家代表性生态系统、自然景观与重点保护珍稀濒危动植物集中分布区原真性和完整性，为子孙后代留下珍贵的自然遗产为目标的国家公园布局思路、原则与规划方法。在此基础上，构建以国家代表性、原真性、完整性为主要指标，包括生态区位重要性、历史文化价值、紧迫性、可行性、对人类活动的抗干扰性等因素的候选国家公园评估指标体系与评价方法。

9.1 陆地类国家公园

9.1.1 陆地国家公园空间布局的总体思路与原则

根据国家公园的定位，我国国家公园空间布局的总体思路是：在系统评估我国自然生态系统、重点保护物种集中分布区和自然景观的国家代表性、原真性和完整性的基础上，确定候选国家公园的位置，整合规划各类保护地范围，实施严格保护，为子孙后代留下珍贵的自然遗产，保障国家生态安全、将生态保护成果惠及全体人民。

国家公园空间布局规划的原则包括如下方面：

（1）科学性原则：国家公园空间布局应在系统评估我国生态系统、重点保护物种与自然景观分布的基础上进行规划。

（2）国家代表性原则：国家公园保护的目标应是国家最珍贵的自然遗产，公园内应拥有国家代表性的生态系统与自然景观，或是物种丰富度高和珍稀濒危动植物集中分布的区域。

（3）原真性原则：国家公园保护的范围应仍保留有较高比例的自然性，受资源开发利用等人类活动影响较小。

（4）完整性原则：全国分布有 35 个生态地理区，每个生态地理区具有独特动植物区系与生态系统类型。为了将我国的生态资源与生物多样性完整地留给子孙后代，每个生态地理区内至少建设一个国家公园。同时，完整性原则还要求每个国家公园在面积上能保障生态系统过程的完整和珍稀濒危动植物的繁衍生息。

（5）全国参与性原则：建设国家公园是生态文明建设的重要任务，各地区应有参与的机会。根据这个原则，在布局规划时，每个省、自治区、直辖市至少规划一个国家公园。

（6）总体规划，按优先顺序分阶段实施：本规划定位于国家公园布局的顶层设计，从长远发展角度提出国家公园候选总名单，并根据候选国家公园评分高低、建立的紧迫性和建设条件等因素，考虑单个候选国家公园的建设时序，分期分批有序推进。

9.1.2　陆地候选国家公园评选标准

根据我国国家公园的定位，构建以国家代表性、原真性、完整性为主要指标，包括生态区位重要性、历史文化价值、紧迫性、可行性、对人类活动抗干扰性等因素的候选国家公园评估指标体系与评价方法。

国家公园评选采用分层级打分制方法，整个指标体系分为 3 个层级，且前一层级的结果作为能否进入下一层级评价的依据。

1. 第一层级指标：国家代表性

国家代表性评价包括三个方面：

（1）生态系统代表性，是生态地理区的代表性生态系统；

（2）物种丰富度高，是中国珍稀濒危动植物物种或国家重点保护物种的集聚区；

（3）自然景观独特性，具有全球或全国意义的自然景观和自然遗产，珍贵独特的地质地貌、江河水域及生物景观，为中国或世界罕见。

2. 第二层级指标：原真性、完整性

（1）原真性评价包括以下方面：生态系统呈原生或近原生状态，人类活动强度低，森林、草地、湿地、荒漠等自然生境面积比例高。自然景观以及与其相协调的人文景观、社区居民传统生活环境和风俗习惯得到保存，没有进行大规模开发建设以及改变、破坏自然与人文环境的活动。

（2）完整性评价包括以下方面：面积较大，能维持生态系统结构、过程与功能的完整性，能确保重要物种的长期生存；对自然景观，能完整覆盖地貌景观、地层剖面、地质构造、古生物化石、古人类遗址等地质遗迹，反映地质历史演变过程。

3. 第三层级指标：生态区位重要性、历史文化价值、紧迫性、可行性、抗干扰性

（1）生态区位重要性：是生态系统服务重要区域，国家或区域重要生态安全屏障。

（2）历史文化价值包括以下方面：历史性是指自然资源承载特定历史阶段人类社会发展，反映当时宗教文化、价值取向和重要历史事件；民族性是指具有民族特色，体现民族精神，反映民族传统民俗习惯和文化风貌；传承性是指对传统文化、民族文化的保护与继承。

（3）紧迫性：人类活动对保护目标的威胁程度高，亟待保护。

（4）可行性：主要包括候选公园区域自然资源所有权和经营权属明晰程度，以及候选公园区域的交通条件。自然资源产权或经营权属明晰、交通便利的区域，可行性较强。

（5）抗干扰性：是候选国家公园内生态系统、重点保护动植物对资源开发、旅游活动等人类活动的敏感程度。对人类活动的敏感性越低，抗干扰能力越强。

9.1.3　陆地候选国家公园评选指标体系

根据候选国家公园评选标准，建立候选国家公园评价指标体系与评分标准。指标体系共包括 3 个层级、8 个指标，总分 100 分（表 9-1）。

表 9-1　陆地类国家公园评价指标体系

层级	指标	总分	要素	分数
第一层级	国家代表性	30	区域生态系统代表性 物种丰富度 景观独特性	0～30
		5	三者兼顾，并在国内外具有重要影响或特殊意义	0～5
第二层级	原真性	15	自然生境面积比例 景观原貌保持状况	0～15
	完整性	15	面积大小如何，能否完整保护重点生态过程或自然景观，确保代表性物种长期生存	0～15

层级	指标	总分	要素	分数
第三层级	生态区位重要性	9	国家或区域重要生态屏障，具有重要生态系统服务功能	0~9
	历史文化价值	8	民族性	0~3
			影响力	0~3
			传承性	0~2
	紧迫性	8	保护紧迫性	0~8
	可行性	5	自然资源资产所有权和经营权属明晰、交通干线便捷程度	0~5
	抗干扰性	5	对自然资源开发利用、旅游等人类活动的敏感性程度	0~5

根据评价标准，对每个备选区域进行评估，满足如下条件的区域进入国家公园候选名单：

（1）总分不低于 75 分；

（2）第一层级分数不低于 25 分；

（3）第二层级分数不低于 20 分。

9.1.4　陆地国家公园备选区域的确定

以我国生态系统优先保护区域、珍稀濒危物种保护关键区域、代表性自然景观分布与生态系统服务功能重要性分布格局为基础，参考我国自然保护区名录、风景名胜区名录、世界自然遗产名录和森林公园、地质公园、湿地公园等类型保护地名录，以及生态系统、重点保护物种集中分布区或自然景观价值高，但尚未建立保护地的重点地区，提出国家公园备选区域（表 9-2、图 9-1），共 211 个。

表 9-2　陆地类国家公园备选区域

序号	生态地理区	备选国家公园编号及名称		
1	大兴安岭北部落叶针叶林生态地理区	1. 大兴安岭		
2	大兴安岭、小兴安岭针阔混交林生态地理区	2. 小兴安岭	3. 五大连池	
3	长白山针阔混交林生态地理区	4. 三江平原湿地	5. 完达山	6. 东方红湿地
		7. 兴凯湖	8. 张广才岭	9. 老爷岭
		10. 靖宇火山群	11. 长白山	12. 鸭绿江

序号	生态地理区	备选国家公园编号及名称		
4	东北平原森林草原生态地理区	13. 松嫩平原湿地	14. 向海	15. 伊通火山群
5	辽东、胶东半岛落叶阔叶林生态地理区	16. 双台河口 19. 崂山	17. 金石滩 20. 沂蒙山	18. 冰峪沟 21. 泰山
6	华北平原落叶阔叶林生态地理区	22. 白狼山 25. 延庆地质遗迹 28. 房山地质遗迹 31. 林虑山 34. 嵩山 37. 黄河三角洲	23. 雾灵山 26. 北京长城 29. 武安地质遗迹 32. 云台山（河南） 35. 黛眉山 38. 恒山	24. 蓟县地质遗迹 27. 松山 30. 响堂山 33. 郑州黄河 36. 云台山（江苏） 39. 五台山
7	黄土高原森林草原生态地理区	40. 吕梁山 43. 子午岭 46. 崆峒山	41. 黄河蛇曲 44. 六盘山 47. 黄河石林	42. 黄河壶口瀑布 45. 火石寨
8	北亚热带长江中下游平原湿地混交林生态地理区	48. 盐城湿地 51. 洪泽湖 54. 天目山 57. 齐云山 60. 天柱山 63. 大洪山 66. 庐山	49. 大丰麋鹿 52. 崇明长江口 55. 钱江源 58. 九华山 61. 大别山 64. 洞庭湖 67. 鄱阳湖	50. 太湖 53. 普陀山 56. 黄山 59. 浮山 62. 琅琊山 65. 瑶里
9	北亚热带秦岭、大巴山混交林生态地理区	68. 秦岭 71. 华山 74. 大巴山 77. 武当山	69. 天台山 72. 麦积山 75. 神农架	70. 骊山 73. 伏牛山 76. 长江三峡
10	中亚热带浙闽沿海山地常绿阔叶林生态地理区	78. 雁荡山 81. 富春江 84. 太姥山 87. 泰宁丹霞 90. 三清山	79. 仙居 82. 丽水凤阳山 85. 佛子山 88. 冠豸山 91. 龙虎山	80. 浣江—五泄 83. 江郎山 86. 武夷山 89. 石牛山
11	中亚热带长江南岸丘陵盆地常绿阔叶林生态地理区	92. 梅岭 95. 东江源 98. 峎山	93. 武功山 96. 九宫山 99. 南山	94. 井冈山 97. 衡山 100. 丹霞山
12	中亚热带四川盆地常绿阔叶林生态地理区	101. 峨眉山 102. 光雾山—诺水河	103. 华蓥山 104. 四面山	105. 竹海 106. 自贡恐龙遗迹
13	中亚热带云南高原常绿阔叶林生态地理区	107. 老君山 110. 白马雪山 113. 高黎贡山 116. 药山 119. 腾冲火山	108. 玉龙雪山 111. 纳帕海 114. 大理苍山 117. 大山包	109. 泸沽湖 112. 梅里雪山 115. 石林 118. 哀牢山

序号	生态地理区	备选国家公园编号及名称		
14	湘西及黔鄂山地常绿阔叶林生态地理区	120. 张家界 123. 凤凰 126. 星斗山 129. 梵净山	121. 桃花源 124. 雪峰山 127. 酉阳桃花源	122. 壶瓶山 125. 万佛山 128. 武隆喀斯特
15	黔桂喀斯特常绿阔叶林生态地理区	130. 金佛山 133. 黎平 136. 黄果树 139. 荔波喀斯特	131. 兴文石海 134. 雷公山 137. 乌蒙山 140. 漓江山水	132. 赤水丹霞 135. 织金洞 138. 乐业天坑群
16	南亚热带岭南丘陵常绿阔叶林生态地理区	141. 南岭 144. 梧桐山 147. 大瑶山 150. 十万大山	142. 车八岭 145. 西樵山 148. 桂平西山 151. 虎伯寮	143. 象头山 146. 鼎湖山 149. 大明山 152. 清源山
17	琼雷热带雨林、季雨林生态地理区	153. 五指山	154. 霸王岭	155. 东寨港
18	滇南热带季雨林生态地理区	156. 西双版纳 159. 大围山	157. 南滚河	158. 太阳河
19	内蒙古半干旱草原生态地理区	160. 呼伦贝尔 163. 克什克腾地质遗迹 166. 大青山	161. 阿尔山 164. 锡林郭勒	162. 科尔沁 165. 塞罕坝
20	鄂尔多斯高原荒漠草原生态地理区	167. 贺兰山	168. 灵武白芨滩	
21	阿拉善高原温带半荒漠生态地理区	169. 阿拉善沙漠 172. 安西极旱荒漠	170. 腾格里 173. 敦煌	171. 张掖丹霞
22	准噶尔盆地温带荒漠生态地理区	174. 艾比湖	175. 古尔班通古特沙漠	
23	阿尔泰山山地草原、针叶林生态地理区	176. 阿尔泰山		
24	天山山地草原、针叶林生态地理区	177. 天山 180. 托木尔峰	178. 伊犁草原	179. 赛里木湖
25	塔里木盆地暖温带荒漠生态地理区	181. 吐鲁番 184. 库木塔格	182. 博斯腾湖	183. 塔里木
26	喜马拉雅山东翼山地热带雨林、季雨林生态地理区	185. 雅鲁藏布江大峡谷		
27	青藏高原东部森林、高寒草甸生态地理区	186. 若尔盖 189. 贡嘎山	187. 九寨沟 190. 海子山	188. 四姑娘山 191. 亚丁

序号	生态地理区	备选国家公园编号及名称		
28	藏南山地灌丛草原生态地理区	192. 珠穆朗玛峰	193. 雅砻河	194. 羊八井
29	羌塘高原高寒草原生态地理区	195. 羌塘 198. 麦地卡湿地	196. 色林错 199. 玛旁雍错湿地	197. 纳木错 200. 札达土林
30	柴达木盆地及昆仑山北坡荒漠生态地理区	201. 盐池湾	202. 阿尔金山	203. 帕米尔
31	祁连山针叶林、高寒草甸生态地理区	204. 祁连山		
32	青海江河源区高寒草原生态地理区	205. 青海湖 208. 唐古拉山北	206. 黄河三峡湿地	207. 三江源
33	可可西里半荒漠、荒漠生态地理区	209. 乔戈里峰	210. 昆仑山	211. 班公错湿地

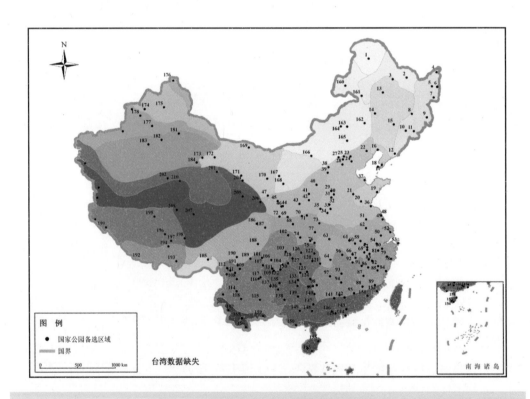

图 9-1　陆地类国家公园备选区域空间分布

（1）根据中国生态系统、重点保护物种分布特征和保护需求、自然景观与遗迹进行确定。其中，生态系统重点考虑生态地理区的代表性，备选国家公园应是每一生态地理区的典型生态系统类型分布区；物种主要选取珍稀濒危物种富集区域；自然景观重点考虑其科学价值、美学价值、文化价值、独特性，选择这些作为国家公园布局的备选区域。

（2）能完善国家生态安全格局，保障国家与区域生态安全。在国家公园布局中，考虑水源涵养、土壤保持、防风固沙、洪水调蓄等主要生态系统功能提供的关键区域作为备选区域，以保障主导服务功能的提供，确保国家生态安全。

（3）参考现有自然保护地。经过 50 多年的建设，我国绝大多数具有保护价值的区域，已经建立了某种类型的自然保护地，因此在规划国家公园的布局时，充分参考现有的自然保护地分布及其范围，并把没有列入现有自然保护地的重要区域优先列入国家公园候选名单。

（4）综合考虑人类活动胁迫状况。人类活动胁迫大的地区，优先布局。

9.1.5　陆地候选国家公园命名

候选国家公园命名的原则为公众容易识别与定位，一般以候选国家公园所在地区的地名、山脉、湖泊名称或独具特色的生态系统、自然景观与珍稀动植物命名，如张家界国家公园、秦岭国家公园、鄱阳湖国家公园、三江源国家公园、大熊猫国家公园等。

9.2　海洋类国家公园

9.2.1　海洋国家公园空间布局的总体思路与原则

1. 选划总体思路

海洋国家公园作为海洋自然保护体系的重要组成部分，其意义是保存保护较大海域的完整生态系统。海洋国家公园空间布局规划的基本思路：在系统评估我国海洋生态系统、重点保护物种集中分布区和自然景观的国家代表性、原真性和完整性的基础上，确定海洋候选国家公园的位置，整合规划各类保护地范围，实施严格保护，为子孙后代留下珍贵的海洋自然遗产，保障国家生态安全，将生态保护成果惠及全体人民。

2. 选划原则

海洋国家公园选划除遵循国家公园选划的基本原则外，还遵循如下海洋特色的原则：

（1）在海洋生态保护红线内，以海洋生态优先区和各类海洋保护区为基础；

（2）重点考虑以海洋物种多样性、海洋生态系统的典型性、海洋景观独特性为内涵的国家代表性；

（3）兼顾不同海区、不同生态类型的平衡，不考虑行政区的平衡。

9.2.2　海洋候选国家公园选划步骤

第一步，从全国海域分析全国海洋生态优先区、已经建立的海洋保护区、各沿海省市划定的"海洋生态红线"，进行叠加分析。

第二步，在此基础上，先后邀请共计 20 多位生态保护专家，开展了两轮讨论。第一轮讨论，提出海洋国家公园建设的预备名单 30 个。预备名单的确定主要是以我国海洋生态优先区、海洋保护区、各省市海洋生态红线为基础，根据海洋国家公园选划指标进行定性分析，与会专家共同确定。第二轮讨论，大家对预备名单逐个深入讨论，形成共识名单，确定海洋国家公园建设的备选区，共 24 个。

第三步，按照建议的海洋国家公园选划指标和打分标准，10 多位海洋生态保护专家对 24 个备选区进行独立打分，汇总统计。为减少专家打分异常的影响，每个指标都去掉一个最高分和一个最低分，再计算平均分，最终按总分排序。推荐前 11 名为海洋国家公园建设候选名单。

9.2.3　海洋候选国家公园备选区域的确定

在组织专家讨论的基础上，确定了海洋国家公园选划指标和海洋公园建设预备名单。预备名单共 30 个，渤海区 6 个，黄海区 3 个，东海区 7 个，南海区 14 个。在海洋国家公园建设预备名单基础上进一步明确了 24 处备选名单，其中渤海区 4 个，黄海区 3 个，东海区 6 个，南海区 11 个（表 9-3）。海洋国家公园建设备选区空间分布见图 9-2。

表 9-3　海洋国家公园备选区域名单

序号	海区	海洋国家公园备选区域名单	主要生态系统类型和保护对象
1	渤海	渤海辽东湾	主要生态系统类型为草滩湿地、河口、海湾等生态系统；保护对象有鸟类、斑海豹等；保护地包括盘锦河口湿地国家级自然保护区、鸳鸯沟国家级海洋公园、斑海豹国家级自然保护区及邻近区域

序号	海区	海洋国家公园备选区域名单	主要生态系统类型和保护对象
2	渤海	渤海昌黎黄金海岸	主要生态系统类型为沙滩、沙丘等生态系统；保护对象有海鸟等；保护地包括渤海昌黎黄金海岸国家级自然保护区、昌黎海域国家级水产种质资源保护区等
3	渤海	渤海黄河口	主要生态系统类型为河口湿地生态系统；保护对象有海鸟等；保护地包括黄河三角洲国家级自然保护区、黄河口国家级海洋特别保护区、黄河口半滑舌鳎国家级水产种质资源保护区等
4	渤海	渤海长山列岛	主要生态系统类型为黄渤海过渡区及海岛生态系统；保护对象有洄游通道、斑海豹、鸟类、黑眉蝮蛇等；保护地包括长岛国家级自然保护区、长岛国家级海洋公园、长山列岛国家级地质公园、长岛皱纹盘鲍光棘球海胆国家级水产种质资源保护区等
5	黄海	黄海威海成山头	主要生态系统类型为海岸生态系统；保护对象有海鸟等；保护地包括荣成大天鹅国家级自然保护区、荣成湾国家级水产种质资源保护区等
6	黄海	黄海青岛海岛	主要生态系统类型为海岛生态系统；保护对象有文昌鱼、海鸟等；保护地包括 2 个省级自然保护区和 1 个市级自然保护区
7	黄海	黄海盐城湿地	主要生态系统类型为滨海湿地生态系统；保护对象有麋鹿、丹顶鹤、沙洲、滩涂、小黄鱼、鲍鱼、梅童鱼产卵场、辐射沙脊群等；保护地包括盐城湿地珍禽国家级自然保护区、大丰麋鹿国家级自然保护区等
8	东海	东海崇明东滩—九段沙	主要生态系统类型为河口、湿地生态系统；保护对象有海鸟、凤鲚产卵场、中华鲟索饵场、中华绒毛蟹产卵场等；保护地包括崇明东滩鸟类国家级自然保护区、九段沙湿地国家级自然保护区等
9	东海	东海南北麂列岛	主要生态系统类型为海岛生态系统；保护对象有中华凤头燕鸥、海鸟、鱼虾产卵场、贝藻栖息地等；保护地包括南麂列岛国家级自然保护区、国家级海洋特别保护区、国家级水产种质资源保护区
10	东海	东海嵊泗马鞍列岛	主要生态系统类型为海岛生态系统；保护对象有海鸟、鱼虾产卵场等；保护地包括国家级海洋特别保护区
11	东海	东海大陈岛	主要生态系统类型为海岛生态系统；保护对象有海鸟、鱼虾产卵场等；保护地包括国家级海洋公园
12	东海	东海东极岛	主要生态系统类型为海岛生态系统；保护对象有海鸟、藻场、曼氏无针乌贼、带鱼、产卵场等；保护地包括国家级海洋特别保护区
13	东海	东海福鼎福瑶列岛	主要生态系统类型为海岛生态系统；保护对象有海鸟、鱼虾产卵场等；保护地包括国家级海洋公园
14	南海	南海珠江口万山群岛	主要生态系统类型为海岛生态系统；保护对象有中华白海豚、经济鱼类产卵场/索饵场等；保护地包括国家级自然保护区、国家级水产种质资源保护区、国家级海洋特别保护区
15	南海	南海大鹏半岛	主要生态系统类型为以山水林海为特色的海陆综合生态系统；保护地包括省级自然保护区
16	南海	南海雷州半岛	主要生态系统类型为红树林、珊瑚礁、海湾等生态系统；保护地包括珍稀海洋生物国家级自然保护区、珊瑚礁国家级自然保护区等

序号	海区	海洋国家公园备选区域名单	主要生态系统类型和保护对象
17	南海	南海北部湾（沙田半岛）	主要生态系统类型为红树林和海草床生态系统；保护对象有海草床、儒艮等；保护地包括湛江红树林国家级自然保护区、英罗港儒艮国家级自然保护区等
18	南海	南海涠洲岛	保护对象有火山海岸景观、珊瑚（礁）等；保护地包括鸟类保护区、水产种质资源保护区等
19	南海	南海防城港	主要生态系统类型为红树林和河口生态系统；保护对象有海草床、重要鸟类越冬区等；保护地包括北仑河口国家级保护区和国家级水产种质资源保护区等
20	南海	南海钦州茅尾海	主要生态系统类型为红树林生态系统；保护地包括国家级海洋公园等
21	南海	南海万宁大洲岛	主要生态系统类型为热带—亚热带海岛过渡生态系统；保护地包括国家级自然保护区
22	南海	南海东寨港七洲列岛	主要生态系统类型为红树林生态系统；保护对象有上升流、渔场/产卵场等；保护地包括国家级自然保护区
23	南海	南海昌江棋子湾	主要生态系统类型为沙滩、海蚀地貌、珊瑚礁等生态系统；保护地包括国家级海洋公园等
24	南海	南海珊瑚礁	主要生态系统类型为珊瑚礁生态系统；保护地包括国家级自然保护区、国家级水产种质资源保护区等

图 9-2　海洋国家公园备选区域空间分布

9.2.4　海洋候选国家公园评选标准

在秉承国家公园评选指标体系一致化的总原则下，海洋候选国家公园评选标准沿袭陆地国家公园评选标准架构体系，但配选适用于评定海洋生态系统的指标要素。海洋国家公园体系评选采用分层级打分制方法，且前一层级的结果作为能否进入下一层级评价的依据。

1. 第一层级指标：国家代表性

国家代表性评价包括以下 3 个方面：

（1）生物群落类型典型性；

（2）物种丰富度：珍稀濒危物种的级别、种类；

（3）景观独特性：地质景观、海水景观、生物景观（海鸟、哺乳动物、滩涂海草、红树林、珊瑚礁）。

2. 第二层级指标：原真性、完整性

原真性评价包括以下方面：

（1）自然岸线保有率或岛陆自然生境面积比例；

（2）水质质量；

（3）外来入侵种。

完整性评价包括是否覆盖重点保护生物的产卵场、越冬场或索饵场。

3. 第三层级指标：生态区位重要性、历史文化价值、紧迫性、可行性、抗干扰性

（1）生态区位重要性：是否处于河口过渡区、冷水团、上升流、热带海洋和亚热带海洋不同水团交汇区。

（2）历史文化价值包括：海草屋、石头屋等；传统渔猎方式、传统食物制作方式、庙宇或祭祀习俗、渔歌、渔号等非物质文化遗产。

（3）紧迫性：人类活动对保护目标的威胁程度高，亟待保护。

（4）可行性：指进入区域的现有交通状况，主要考虑临海陆地（县、区）是否有高速公路出入口。

（5）抗干扰性：指区域内生态系统对人类活动干扰的敏感程度，出现环境问题可能

性的大小。

9.2.5　海洋候选国家公园评选指标体系

根据海洋候选国家公园评选标准，经专家研讨，建立候选国家公园评价指标体系与评分标准。指标体系共包括 3 个层级、8 个指标，总分 100 分（表 9-4）。

表 9-4　海洋类国家公园评价指标体系

层级	指标	总分	要素	分数
第一层级	国家代表性	35	生物群落典型性； 物种多样性：动植物物种数，珍稀濒危物种的基本，种类数； 景观独特性：地质景观，海水景观，生物景观（海鸟、哺乳动物、滩涂海草、红树林、珊瑚礁）	30
			三者兼顾，并在国内外具有重要影响或特殊意义	5
第二层级	原真性	15	自然岸线保有率或岛陆自然生境面积比例； 海水水质； 外来入侵种	15
	完整性	15	面积是否覆盖重点保护生物的产卵场、越冬场或索饵场等重要生境	15
第三层级	生态区位重要性	9	是否处于河口过渡区、冷水团、上升流、热带海洋和亚热带海洋、不同水团交汇区	9
	历史文化价值	8	是否分布非物质文化遗产、海草屋、石头屋等，传统渔猎方式、传统食物制作、庙宇或祭祀习俗、渔歌、渔号等	8
	紧迫性	8	人类活动对保护目标的威胁是否加剧	8
	可行性	5	临海陆地（县、区）是否有高速公路出入口	5
	抗干扰性	5	对人类活动干扰的敏感程度。敏感性越高，分数越低	5

根据评价标准，对每个优先区域进行评估，满足如下条件，总分从高到低取前 11 名进入候选名单：

（1）总分不低于 75 分；

（2）第一层级分数不低于 25 分；

（3）第二层级分数不低于 20 分。

第 10 章　国家公园候选名单与布局

以我国生态系统优先保护区域、重点保护物种保护关键区域、代表性自然景观分布与生态系统服务功能重要性分布格局为基础，参考国家自然保护区名录、风景名胜区名录、世界自然遗产名录，以及森林公园、地质公园、湿地公园等类型自然保护地名录，提出国家公园备选区域。然后，根据国家公园空间布局规划原则与方法，对备选区域进行评分，确定我国国家公园候选名单，确定陆地国家公园候选名单 76 处，海洋国家公园候选名单 8 处。最后，对候选国家公园的位置、范围，以及生态系统、重点保护物种与自然景观代表性进行简要介绍。

10.1　陆地候选国家公园

10.1.1　陆地候选国家公园名单

在 211 个备选区域的基础上，通过系统的评估，得到陆地候选国家公园 76 处（表 10-1）。

表 10-1　陆地候选国家公园名单

序号	公园名称	省(区、市)	区域	生态地理区	保护类型	面积/km²	现有保护地	优先性
1	大兴安岭	黑龙江、内蒙古东部	东北地区	大兴安岭北部针叶林生态地理区	生态系统	29610	北三局原始林区（乌玛、奇乾、永安山）、额尔古纳国家级自然保护区、大兴安岭汗马国家级自然保护区、呼中国家级自然保护区、潮查原始林保护区等	一级

序号	公园名称	省(区、市)	区域	生态地理区	保护类型	面积/km²	现有保护地	优先性
2	小兴安岭	黑龙江	东北地区	大兴安岭、小兴安岭针阔混交林生态地理区	生态系统	11559	乌伊岭国家级自然保护区、友好国家级自然保护区、大沽河湿地国家级自然保护区、丰林国家级自然保护区、新青白头鹤国家级自然保护区、伊春小兴安岭国家地质公园、伊春兴安国家森林公园、小兴安岭石林国家森林公园、汤旺河公园等	一级
3	三江平原湿地	黑龙江	东北地区	长白山针阔混交林生态地理区	生态系统	1841	三江国家级自然保护区、八岔岛国家级自然保护区、洪河国家级自然保护区、勤得利鲟鳇鱼省级自然保护区、黑瞎子岛等	二级
4	扎龙	黑龙江	东北地区	东北平原森林草原生态地理区	珍稀濒危动植物	3580	扎龙国家级自然保护区、乌裕尔河国家级自然保护区等	二级
5	东北虎豹	黑龙江	东北地区	长白山针阔混交林生态地理区	珍稀濒危动植物	14566	老爷岭东北虎国家级自然保护区、吉林汪清国家级自然保护区、黑龙江穆棱国家级自然保护区、吉林天桥岭东北虎国家级自然保护区、珲春东北虎国家级自然保护区、吉林黄泥河东北虎国家级自然保护区、黑龙江小北湖国家级自然保护区、凤凰山国家级自然保护区、雁鸣湖国家级自然保护区、镜泊湖国家地质公园、镜泊湖国家级风景名胜区、镜泊湖国家森林公园等	一级
6	长白山	吉林	东北地区	长白山针阔混交林生态地理区	自然景观	3205	吉林长白山国家级自然保护区、长白山火山国家地质公园、长白山国家森林公园、长白山北坡国家森林公园、靖宇国家级自然保护区、龙湾国家级自然保护区、哈泥国家级自然保护区、伊通火山群国家级自然保护区等	一级
7	辽河河口	辽宁	东北地区	辽东胶东半岛落叶阔叶林生态地理区	珍稀濒危动植物	2158	辽河口国家级自然保护区、锦州大笔架山特别保护区、辽东湾渤海湾莱州湾国家级水产种质资源保护区等	二级
8	燕山	北京、河北	华北地区	华北平原落叶阔叶林生态地理区	生态系统	3859	长城国家公园(试点)、雾灵山国家级自然保护区(北京、河北)、松山国家级自然保护区、大海陀国家级自然保护区、玉渡山自然保护区、喇叭沟门自然保护区、延庆硅化木国家地质公园等	一级
9	北大港	天津	华北地区	华北平原落叶阔叶林生态地理区	珍稀濒危动植物	774	北大港湿地自然保护区、团泊鸟类保护区等	一级

序号	公园名称	省(区、市)	区域	生态地理区	保护类型	面积/km²	现有保护地	优先性
10	塞罕坝	河北	华北地区	内蒙古半干旱草原生态地理区	生态系统	3052	塞罕坝国家级自然保护区、围场红松洼国家级自然保护区、滦河上游国家级自然保护区、桦木沟省级自然保护区等	一级
11	呼伦贝尔	内蒙古东部	华北地区	内蒙古半干旱草原生态地理区	生态系统	19843	达赉湖国家级自然保护区、辉河国家级自然保护区等	一级
12	锡林郭勒	内蒙古东部	华北地区	内蒙古半干旱草原生态地理区	生态系统	10792	锡林郭勒草原国家级自然保护区、白音敖包国家级自然保护区、白银库伦遗鸥省级自然保护区、潢源省级自然保护区等	二级
13	大青山	内蒙古东部	华北地区	内蒙古半干旱草原生态地理区	生态系统	10482	大青山国家级自然保护区、哈素海省级自然保护区、梅力更省级自然保护区、乌拉山省级自然保护区、春坤山自然保护区、哈达门国家森林公园、乌素图国家森林公园、五当召国家森林公园、河套国家森林公园、乌拉山国家森林公园等	二级
14	五台山	山西	华北地区	华北平原落叶阔叶林生态地理区	生态系统	3882	五台山国家级风景名胜区、五台山国家地质公园、五台山国家森林公园、小五台山国家级自然保护区、百花山国家级自然保护区、灵丘黑鹳自然保护区、忻州五台山保护区、繁峙臭冷杉保护区等	二级
15	吕梁山	山西	华北地区	黄土高原森林草原生态地理区	生态系统	1820	庞泉沟国家级自然保护区、云顶山省级自然保护区、汾河上游省级自然保护区、关帝山国家森林公园等	二级
16	泰山	山东	华北地区	辽东胶东半岛落叶阔叶林生态地理区	自然景观	1981	泰山国家地质公园、泰山国家级风景名胜区、泰山国家森林公园、徂徕山自然保护区、花山林场保护区、寄母山保护区等	一级
17	黄河三角洲	山东	华北地区	华北平原落叶阔叶林生态地理区	珍稀濒危动植物	4184	黄河三角洲国家级自然保护区、沾化海岸带湿地市级自然保护区、滨州贝壳堤岛与湿地国家级自然保护区、黄河三角洲国家地质公园等	二级
18	苏北滨海湿地	江苏	东部地区	北亚热带长江中下游平原湿地混交林生态地理区	珍稀濒危动植物	2897	盐城湿地珍禽国家级自然保护区、大丰麋鹿国家级自然保护区、条子泥湿地等	一级
19	崇明长江口	上海	东部地区	北亚热带长江中下游平原湿地混交林生态地理区	珍稀濒危动植物	1066	崇明东滩鸟类国家级自然保护区、长江口中华鲟省级自然保护区、九段沙湿地国家级自然保护区等	一级
20	天目山	浙江	东部地区	中亚热带浙闽沿海山地常绿阔叶林生态地理区	生态系统	476	天目山国家级自然保护区、龙王山自然保护区等	二级

序号	公园名称	省(区、市)	区域	生态地理区	保护类型	面积/km²	现有保护地	优先性
21	钱江源	浙江	东部地区	北亚热带长江中下游平原湿地混交林生态地理区	生态系统	566	浙江钱江源国家森林公园、古田山国家级自然保护区、婺源常绿阔叶林保护区、婺源莲花山保护区等	二级
22	仙居	浙江	东部地区	中亚热带浙闽沿海山地常绿阔叶林生态地理区	生态系统	308	仙居国家森林公园、仙居国家级风景名胜区、仙居神仙居国家地质公园、苍山省级自然保护区等	二级
23	丽水凤阳山	浙江	东部地区	中亚热带浙闽沿海山地常绿阔叶林生态地理区	生态系统	670	凤阳山—百山祖国家级自然保护区、庆元国家森林公园等	一级
24	黄山	安徽	东部地区	北亚热带长江中下游平原湿地混交林生态地理区	自然景观	675	黄山风景名胜区、黄山国家森林公园、黄山地质公园、黄山天湖山自然保护区、九龙峰省级自然保护区、天湖省级自然保护区等	一级
25	大别山	安徽、湖北	东部地区	北亚热带长江中下游平原湿地混交林生态地理区	生态系统	1845	大别山国家级自然保护区、金寨天马国家级自然保护区、鹞落坪国家级自然保护区、湖北大别山(黄冈)国家地质公园、安徽大别山国家地质公园、淮河源国家森林公园等	二级
26	武夷山	福建	东部地区	中亚热带浙闽沿海山地常绿阔叶林生态地理区	自然景观	1839	福建武夷山国家级自然保护区、江西武夷山国家级自然保护区、武夷山风景名胜区、武夷山国家森林公园、武夷山天池国家森林公园、龙湖山国家森林公园等	一级
27	泰宁丹霞	福建	东部地区	中亚热带浙闽沿海山地常绿阔叶林生态地理区	自然景观	1614	大金湖国家地质公园、金湖风景名胜区、猫儿山国家森林公园、闽江源国家森林公园、闽江源国家级自然保护区、君子峰国家级自然保护区、龙栖山国家级自然保护区、泰宁长叶榧自然保护区等	二级
28	戴云山	福建	东部地区	中亚热带浙闽沿海山地常绿阔叶林生态地理区	生态系统	992	戴云山国家级自然保护区、大仙峰省级自然保护区、德化石牛山国家地质公园、德化石牛山国家森林公园等	二级
29	南太行山	河南	中部地区	华北平原落叶阔叶林生态地理区	生态系统	3705	太行山猕猴国家级自然保护区、莽河国家级自然保护区、历山国家级自然保护区、陵川南方红豆杉自然保护区、云台山国家地质公园、关山国家地质公园、陵川王莽岭国家地质公园、云台山国家森林公园、王屋山—云台山风景名胜区、神农山风景名胜区、青天河风景名胜区等	一级

序号	公园名称	省(区、市)	区域	生态地理区	保护类型	面积/km²	现有保护地	优先性
30	伏牛山	河南	中部地区	北亚热带秦岭大巴山混交林生态地理区	自然景观	6088	伏牛山国家级自然保护区、宝天曼国家级自然保护区、南阳恐龙化石群国家级保护区、熊耳山省级自然保护区、西峡大鲵省级自然保护区、西峡伏牛山国家地质公园、宝天曼国家地质公园、汝阳恐龙国家地质公园、尧山国家地质公园、石人山风景名胜区、白云山国家森林公园、龙峪湾国家森林公园、寺山国家森林公园等	二级
31	神农架	湖北	中部地区	北亚热带秦岭大巴山混交林生态地理区	生态系统	3508	神农架国家级自然保护区、堵河源国家级自然保护区、阴条岭国家级自然保护区、五里坡国家级自然保护区、十八里长峡省级自然保护区、江南省级自然保护区、神农架国家地质公园、神农架国家森林公园等	一级
32	长江三峡	湖北	中部地区	北亚热带长江中下游平原湿地混交林生态地理区	自然景观	817	长江三峡国家地质公园、大老岭国家森林公园等	一级
33	鄂西大峡谷	湖北	中部地区	湘西及黔鄂山地常绿阔叶林生态地理区	自然景观	1713	星斗山国家级自然保护区、坪坝营国家森林公园、恩施腾龙洞大峡谷国家地质公园等	二级
34	张家界	湖南	中部地区	湘西及黔鄂山地常绿阔叶林生态地理区	自然景观	7084	张家界大鲵国家级自然保护区、索溪峪省级自然保护区、八大公山国家级自然保护区、张家界砂岩峰林国家地质公园、武陵源风景名胜区等	一级
35	南山—舜皇山	湖南	中部地区	中亚热带长江南岸丘陵盆地常绿阔叶林生态地理区	自然景观	2702	舜皇山国家级自然保护区、金童山国家级自然保护区、银竹老山省级自然保护区、南山风景名胜区、崀山风景名胜区、崀山国家地质公园、舜皇山国家森林公园、八角寨国家森林公园、两江峡谷国家森林公园等	一级
36	壶瓶山	湖南	中部地区	湘西及黔鄂山地常绿阔叶林生态地理区	生态系统	1743	壶瓶山国家级自然保护区、五峰后河国家级自然保护区、五峰国家地质公园、柴埠溪国家森林公园等	二级
37	井冈山	江西	中部地区	中亚热带长江南岸丘陵盆地常绿阔叶林生态地理区	生态系统	1024	井冈山国家级自然保护区、炎陵桃源洞国家级自然保护区、大坝里自然保护区、井冈山风景名胜区、神农谷国家森林公园等	一级
38	鄱阳湖	江西	中部地区	北亚热带长江中下游平原湿地混交林生态地理区	珍稀濒危动植物	2414	鄱阳湖南矶湿地国家级自然保护区、鄱阳湖候鸟国家级自然保护区、鄱阳湖鲤鲫鱼产卵场省级自然保护区、鄱阳湖河蚌省级自然保护区、都昌候鸟省级自然保护区等	二级

序号	公园名称	省(区、市)	区域	生态地理区	保护类型	面积/km²	现有保护地	优先性
39	南岭	广东	华南地区	南亚热带岭南丘陵常绿阔叶林生态地理区	生态系统	2775	南岭国家级自然保护区、莽山国家级自然保护区、石门台国家级自然保护区、青溪洞省级自然保护区、乳源泉水自然保护区、乳源大峡谷自然保护区、乳源红豆杉自然保护区、罗坑鳄蜥省级自然保护区、阳山国家地质公园、南岭国家森林公园、莽山国家森林公园、天井山国家森林公园等	一级
40	丹霞山	广东	华南地区	中亚热带长江南岸丘陵盆地常绿阔叶林生态地理区	自然景观	2037	丹霞山国家级自然保护区、沙溪省级自然保护区、北江特有珍稀鱼类省级自然保护区、丹霞山风景名胜区、丹霞山国家地质公园、韶关国家森林公园、小坑国家森林公园等	一级
41	漓江山水	广西	华南地区	黔桂喀斯特常绿阔叶林生态地理区	自然景观	2632	猫儿山国家级自然保护区、青狮潭省级自然保护区、建新鸟类省级自然保护区、漓江风景名胜区、桂林国家森林公园、阳朔国家森林公园、龙胜温泉国家森林公园等	二级
42	十万大山	广西	华南地区	南亚热带岭南丘陵常绿阔叶林生态地理区	生态系统	2919	十万大山国家级自然保护区、防城金花茶国家级自然保护区、北仑河口国家级自然保护区、十万大山国家森林公园等	二级
43	五指山	海南	华南地区	琼雷热带雨林、季雨林生态地理区	生态系统	1628	五指山国家级自然保护区、吊罗山国家级自然保护区、尖岭省级自然保护区、会山省级自然保护区、上溪省级自然保护区、吊罗山国家森林公园、兴隆华侨国家森林公园、七仙岭温泉国家森林公园等	一级
44	岷山大熊猫	四川	西南地区	青藏高原东部森林、高寒草甸生态地理区	珍稀濒危动植物	18978	九寨沟国家级自然保护区、勿角省级自然保护区、贡杠岭省级自然保护区、王朗国家级自然保护区、黄龙寺省级自然保护区、白羊省级自然保护区、小寨子沟省级自然保护区、宝顶沟省级自然保护区、九顶山省级自然保护区、卧龙国家级自然保护区、小金四姑娘山国家级自然保护区、蜂桶寨国家级自然保护区、龙溪—虹口国家级自然保护区、白水河国家级自然保护区、草坡省级自然保护区、米亚罗省级自然保护区、黑水河省级自然保护区、鞍子河省级自然保护区等	一级

序号	公园名称	省(区、市)	区域	生态地理区	保护类型	面积/km²	现有保护地	优先性
45	若尔盖	四川	西南地区	青藏高原东部森林、高寒草甸生态地理区	生态系统	15333	若尔盖湿地国家级自然保护区、喀哈尔乔湿地自然保护区、包座自然保护区、黄河首曲湿地候鸟省级自然保护区、玛曲青藏高原土著鱼类省级自然保护区、日干桥自然保护区等	二级
46	贡嘎山	四川	西南地区	青藏高原东部森林、高寒草甸生态地理区	自然景观	6345	贡嘎山国家级自然保护区、瓦灰山省级自然保护区、湾坝省级自然保护区、红坝省级自然保护区、贡嘎山风景名胜区、海螺沟国家森林公园、海螺沟国家地质公园等	一级
47	亚丁一泸沽湖	四川	西南地区	青藏高原东部森林、高寒草甸生态地理区	自然景观	11378	亚丁国家级自然保护区、海子山国家级自然保护区、格木自然保护区、恰郎多吉自然保护区、所冲自然保护区、马乌自然保护区、滚巴自然保护区、盐源泸沽湖保护区、宁蒗泸沽湖保护区等	二级
48	峨眉山	四川	西南地区	中亚热带四川盆地常绿阔叶林生态地理区	自然景观	1674	峨眉山风景名胜区、瓦屋山省级自然保护区、大相岭自然保护区、羊子岭自然保护区、龙苍沟国家森林公园、瓦屋山国家森林公园等	二级
49	金佛山	重庆	西南地区	黔桂喀斯特常绿阔叶林生态地理区	自然景观	1221	金佛山国家级自然保护区、黑山自然保护区、大沙河自然保护区、金佛山风景名胜区、万盛国家地质公园、金佛山国家森林公园、黑山国家森林公园等	二级
50	梵净山	贵州	西南地区	湘西及黔鄂山地常绿阔叶林生态地理区	生态系统	451	梵净山国家级自然保护区等	一级
51	乌蒙山	贵州	西南地区	黔桂喀斯特常绿阔叶林生态地理区	生态系统	2183	咸宁草海国家级自然保护区、野钟黑叶猴自然保护区、六盘水乌蒙山国家地质公园、玉舍国家森林公园等	二级
52	北盘江峡谷	贵州	西南地区	黔桂喀斯特常绿阔叶林生态地理区	自然景观	1599	黄果树风景名胜区、龙宫风景名胜区、九龙山国家森林公园等	一级
53	茂兰一木论	贵州	西南地区	黔桂喀斯特常绿阔叶林生态地理区	自然景观	1255	茂兰国家级自然保护区、木论国家级自然保护区、兰顶山县级自然保护区、捞村河谷县级自然保护区、荔波漳江风景名胜区等	一级
54	高黎贡山	云南	西南地区	中亚热带云南高原常绿阔叶林生态地理区	生态系统	1363	高黎贡山国家级自然保护区	一级

序号	公园名称	省(区、市)	区域	生态地理区	保护类型	面积/km²	现有保护地	优先性
55	梅里雪山—普达措	云南	西南地区	中亚热带云南高原常绿阔叶林生态地理区	自然景观	3278	梅里雪山、白马雪山国家级自然保护区、碧塔海自然保护区、纳帕海自然保护区、碧罗雪山等	一级
56	玉龙雪山—老君山	云南	西南地区	中亚热带云南高原常绿阔叶林生态地理区	自然景观	2216	云南丽江玉龙雪山国家级风景名胜区、玉龙雪山国家地质公园、老君山地质公园等	一级
57	哀牢山	云南	西南地区	中亚热带云南高原常绿阔叶林生态地理区	生态系统	1850	哀牢山国家级自然保护区、无量山国家级自然保护区、南涧凤凰山自然保护区、南涧土林自然保护区、灵宝山国家森林公园等	二级
58	亚洲象	云南	西南地区	滇南热带季雨林生态地理区	珍稀濒危动植物	6028	西双版纳国家级自然保护区、版纳河流域国家级自然保护区、西双版纳风景名胜区、西双版纳国家森林公园、普洱松山自然保护区、糯扎渡自然保护区、菜阳河自然保护区等	二级
59	羌塘	西藏	西南地区	羌塘高原高寒草原生态地理区	生态系统	69675	西藏羌塘国家级自然保护区	二级
60	札达土林	西藏	西南地区	羌塘高原高寒草原生态地理区	自然景观	6957	札达土林省级自然保护区、札达土林国家地质公园等	二级
61	珠穆朗玛峰	西藏	西南地区	藏南山地灌丛草原生态地理区	自然景观	32893	珠穆朗玛峰国家级自然保护区等	一级
62	雅鲁藏布江大峡谷	西藏	西南地区	喜马拉雅山东翼山地热带雨林、季雨林生态地理区	自然景观	30271	雅鲁藏布江大峡谷国家级自然保护区、工布省级自然保护区、巴松湖国家森林公园、比日神山国家森林公园、色季拉国家森林公园、易贡国家地质公园等	二级
63	秦岭	陕西	西北地区	北亚热带秦岭大巴山混交林生态地理区	生态系统	7754	太白山国家级自然保护区、周至国家级自然保护区、天华山国家级自然保护区、佛坪国家级自然保护区、太白湑水河国家级自然保护区、牛尾河国家级自然保护区等	一级
64	桥山	陕西	西北地区	黄土高原森林草原生态地理区	生态系统	4153	子午岭国家级自然保护区、柴松省级自然保护区、桥山省级自然保护区、黄帝陵风景名胜区、洛川黄土国家地质公园、黄陵国家森林公园等	二级
65	祁连山	甘肃	西北地区	祁连山针叶林、高寒草甸生态地理区	生态系统	42573	甘肃祁连山国家级自然保护区、海北祁连山省级自然保护区、大通北川河源区国家级自然保护区、天祝三峡国家森林公园、吐鲁沟国家森林公园、青海北山国家森林公园、青海仙米国家森林公园、青海大通国家森林公园等	一级

序号	公园名称	省(区、市)	区域	生态地理区	保护类型	面积/km²	现有保护地	优先性
66	库木塔格	甘肃	西北地区	塔里木盆地暖温带荒漠生态地理区	生态系统	73394	罗布泊野骆驼国家级自然保护区、敦煌西湖国家级自然保护区、安南坝野骆驼国家级自然保护区、敦煌阳关国家级自然保护区、大苏干湖省级自然保护区等	二级
67	贺兰山	宁夏、内蒙古西部	西北地区	鄂尔多斯高原荒漠草原生态地理区	生态系统	3405	宁夏贺兰山国家级自然保护区、内蒙古贺兰山国家级自然保护区、内蒙古贺兰山国家森林公园、宁夏苏峪口国家森林公园等	一级
68	六盘山	宁夏	西北地区	黄土高原森林草原生态地理区	生态系统	1880	六盘山国家级自然保护区、太统—崆峒山国家级自然保护区、崆峒山风景名胜区、崆峒山国家地质公园、六盘山国家森林公园、云崖寺国家森林公园等	二级
69	三江源	青海	西北地区	青海江河源区高寒草原生态地理区	珍稀濒危动植物	123775	三江源国家级自然保护区、可可西里国家级自然保护区等	一级
70	昆仑山	青海	西北地区	可可西里半荒漠、荒漠生态地理区	生态系统	76756	昆仑山世界地质公园、阿尔金山国家级自然保护区、中昆仑省级自然保护区等	二级
71	天山博格达	新疆	西北地区	天山山地草原、针叶林生态地理区	生态系统	20040	博格达峰国家级自然保护区、天山天池省级自然保护区、天山天池风景名胜区、天山天池国家地质公园、吐鲁番火焰山国家地质公园、库木塔格沙漠风景名胜区、天山天池国家森林公园、江布拉克国家森林公园等	一级
72	喀纳斯	新疆	西北地区	阿尔泰山山地草原、针叶林生态地理区	生态系统	12207	喀纳斯国家级自然保护区、额尔齐斯河科克托海湿地省级自然保护区、喀纳斯湖国家地质公园、贾登峪国家森林公园、白哈巴国家森林公园、白哈巴河白桦国家森林公园等	一级
73	艾比湖	新疆	西北地区	准噶尔盆地温带荒漠生态地理区	生态系统	5036	艾比湖湿地国家级自然保护区、甘家湖梭梭林国家级自然保护区、夏尔希里自然保护区等	二级
74	西天山	新疆	西北地区	天山山地草原、针叶林生态地理区	生态系统	11069	巴音布鲁克国家级自然保护区、西天山国家级自然保护区、新源山地草甸类草地省级自然保护区、那拉提国家森林公园、巩留恰西国家森林公园等	二级

序号	公园名称	省(区、市)	区域	生态地理区	保护类型	面积/km²	现有保护地	优先性
75	帕米尔	新疆	西北地区	柴达木盆地及昆仑山北坡荒漠生态地理区	生态系统	29720	塔什库尔干野生动物省级自然保护区、帕米尔高原湿地省级自然保护区等	二级
76	居延海	内蒙古(西部)	西北地区	阿拉善高原温带半荒漠生态地理区	生态系统	10931	居延海、额济纳胡杨林国家级自然保护区、马鬃山古生物化石省级自然保护区、额济纳梭梭林县级自然保护区、阿拉善沙漠国家地质公园等	二级

　　在类型上，以代表性生态系统为主体的陆地候选国家公园有 42 个，以保护珍稀濒危动植物为主体的陆地候选国家公园有 11 个，以代表性自然景观为主体的陆地候选国家公园有 23 个（表 10-2）。69%以上的候选国家公园是代表性生态系统、重点保护物种集中分布区和代表性自然景观的综合区域。

表 10-2　陆地候选国家公园资源类型分布

资源类型	数量/个	比例/%
代表性生态系统	42	55.26
重点保护物种集中分布区	11	14.48
代表性自然景观	23	30.26
总计	76	100

10.1.2　陆地候选国家公园空间分布

　　在空间分布上，陆地候选国家公园主要分布在东部湿润半湿润生态大区，共 53 个（南海诸岛热带雨林生态地理区内的南海珊瑚礁属海洋候选国家公园），占全部陆地候选国家公园的 69.7%，西部干旱半干旱生态大区有 11 个，占 14.5%，青藏高原高寒生态大区有 12 个，占 15.8%（图 10-1）。每个生态地理区至少有一个国家公园，而由于生态系统、珍稀濒危植物与自然景观分布特征的差异，有些生态地理区有多个候选国家公园（表 10-3）。

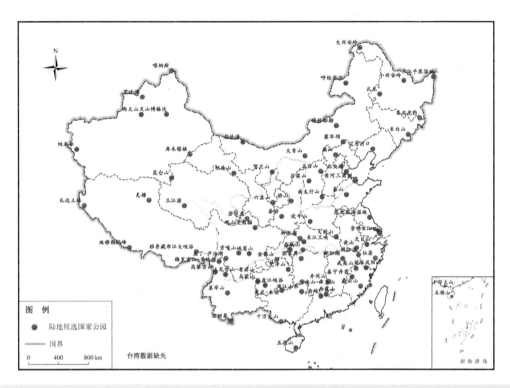

图 10-1　陆地候选国家公园分布图

表 10-3　生态地理区与陆地候选国家公园分布

生态地理区	陆地候选国家公园数量/个	陆地候选国家公园名单
I₁. 大兴安岭北部落叶针叶林生态地理区	1	大兴安岭
I₂. 大兴安岭、小兴安岭针阔混交林生态地理区	1	小兴安岭
I₃. 长白山针阔混交林生态地理区	3	三江平原湿地、东北虎豹、长白山
I₄. 东北平原森林草原生态地理区	1	扎龙
I₅. 辽东、胶东半岛落叶阔叶林生态地理区	2	泰山、辽河河口
I₆. 华北平原落叶阔叶林生态地理区	5	燕山、北大港、黄河三角洲、南太行山、五台山
I₇. 黄土高原森林草原生态地理区	3	六盘山、桥山、吕梁山
I₈. 北亚热带长江中下游平原湿地混交林生态地理区	7	长江三峡、鄱阳湖、崇明长江口、钱江源、大别山、黄山、苏北滨海湿地
I₉. 北亚热带秦岭、大巴山混交林生态地理区	3	秦岭、伏牛山、神农架
I₁₀. 中亚热带浙闽沿海山地常绿阔叶林生态地理区	6	天目山、丽水凤阳山、仙居、武夷山、泰宁丹霞、戴云山
I₁₁. 中亚热带长江南岸丘陵盆地常绿阔叶林生态地理区	3	井冈山、南山—舜皇山、丹霞山

生态地理区	陆地候选国家公园数量/个	陆地候选国家公园名单
I_{12.} 中亚热带四川盆地常绿阔叶林生态地理区	1	峨眉山
I_{13.} 中亚热带云南高原常绿阔叶林生态地理区	4	高黎贡山、梅里雪山—普达措、玉龙雪山—老君山、哀牢山
I_{14.} 湘西及黔鄂山地常绿阔叶林生态地理区	4	壶瓶山、鄂西大峡谷、张家界、梵净山
I_{15.} 黔桂喀斯特常绿阔叶林生态地理区	5	金佛山、漓江山水、茂兰—木论、北盘江峡谷、乌蒙山
I_{16.} 南亚热带岭南丘陵常绿阔叶林生态地理区	2	南岭、十万大山
I_{17.} 台湾岛常绿阔叶林生态地理区	—	—
I_{18.} 琼雷热带雨林、季雨林生态地理区	1	五指山
I_{19.} 滇南热带季雨林生态地理区	1	亚洲象
I_{20.} 南海诸岛热带雨林生态地理区	1	南海珊瑚礁（海洋类）
II_{1.} 内蒙古半干旱草原生态地理区	4	塞罕坝、大青山、呼伦贝尔、锡林郭勒
II_{2.} 鄂尔多斯高原荒漠草原生态地理区	1	贺兰山
II_{3.} 阿拉善高原温带半荒漠生态地理区	1	居延海
II_{4.} 准噶尔盆地温带荒漠生态地理区	1	艾比湖
II_{5.} 阿尔泰山山地草原、针叶林生态地理区	1	喀纳斯
II_{6.} 天山山地草原、针叶林生态地理区	2	天山博格达、西天山
II_{7.} 塔里木盆地暖温带荒漠生态地理区	1	库木塔格
III_{1.} 喜马拉雅山东翼山地热带雨林、季雨林生态地理区	1	雅鲁藏布江大峡谷
III_{2.} 青藏高原东部森林、高寒草甸生态地理区	4	岷山大熊猫、若尔盖、亚丁—泸沽湖、贡嘎山
III_{3.} 藏南山地灌丛草原生态地理区	1	珠穆朗玛峰
III_{4.} 羌塘高原高寒草原生态地理区	2	羌塘、札达土林
III_{5.} 柴达木盆地及昆仑山北坡荒漠生态地理区	1	帕米尔
III_{6.} 祁连山针叶林、高寒草甸生态地理区	1	祁连山
III_{7.} 青海江河源区高寒草原生态地理区	1	三江源
III_{8.} 可可西里半荒漠、荒漠生态地理区	1	昆仑山

在区域分布上，每个省至少有 1 个候选国家公园。在西南地区，候选国家公园数量最多，有 19 个，其次为西北地区 14 个，东部地区 11 个，华北地区 10 个，中部地区 10 个，东北地区 7 个，华南地区 5 个（表 10-4）。

表 10-4　陆地候选国家公园地区分布

区域	相关省（市、区）	数量/个	比例/%
东北地区	黑龙江、吉林、辽宁	7	9.21
华北地区	北京、天津、内蒙古东部、河北、山西、山东	10	13.16
东部地区	江苏、浙江、上海、福建、安徽	11	14.47
中部地区	河南、湖北、湖南、江西	10	13.16
华南地区	广东、广西、海南	5	6.58
西南地区	重庆、四川、贵州、云南、西藏	19	25.00
西北地区	陕西、甘肃、宁夏、青海、新疆、内蒙古西部	14	18.42
合计		76	100.00

10.1.3　陆地候选国家公园范围

根据陆地候选国家公园区域范围内的保护地边界，区域生态系统状况及重点保护物种栖息地情况，对陆地候选国家公园边界进行划定，总面积 820566 平方千米，占国土面积的 8.55%（表 10-5、图 10-2 和图 10-3）；保护高等植物 29368 种，脊椎动物 4125 种。

表 10-5　陆地候选国家公园地区分布面积统计

区域	陆地候选国家公园面积/km²	比重/%
东北地区	66519	8.11
华北地区	60669	7.39
东部地区	12948	1.58
中部地区	30798	3.75
华南地区	11991	1.46
西南地区	214948	26.20
西北地区	422693	51.51
合计	820566	100.00

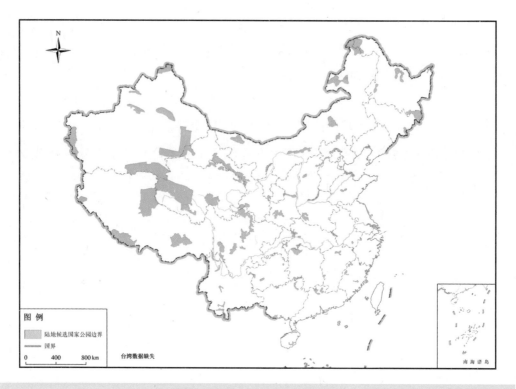

图 10-2　陆地候选国家公园范围

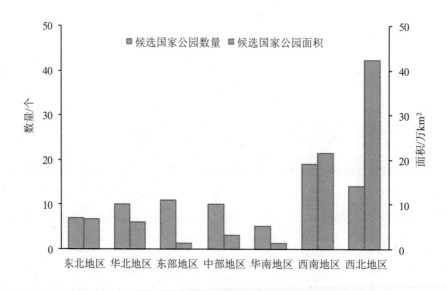

图 10-3　陆地候选国家公园区域分布数量与面积

10.2 海洋候选国家公园

2017 年 5 月 10 日在青岛邀请了教育部、中国科学院、国家海洋局、农业部等系统的 13 位多专业的专家学者,针对筛选出的 24 个海洋国家公园建设优选区进行独立打分,汇总统计。为减少专家打分异常的影响,每个指标都去掉一个最高分和一个最低分,再计算平均分。

根据打分结果,按总分值由高到低取前 11 名作为海洋国家公园建设候选名单,分别是南海珊瑚礁、渤海长山列岛、东海南北麂列岛、东海福鼎福瑶列岛、南海北部湾(广西沙田)、黄海成山头、南海大洲岛、东海崇明东滩—九段沙、南海雷州半岛、黄海盐城湿地和渤海辽东湾。由于黄海盐城湿地、东海崇明东滩—九段沙、渤海辽东湾已列入陆地国家公园建设候选名单,海洋国家公园候选名单中不再考虑。

海洋国家公园建设候选名单共 8 个(图 10-4),其中,黄海区 2 个:渤海长山列岛(海岛生态类型,我国唯一的海岛地质景观,黄渤海交错带),黄海威海成山头(国家代

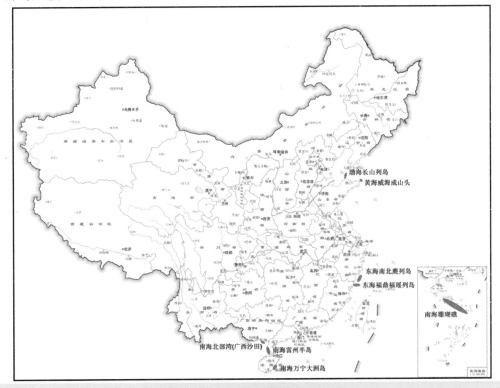

图 10-4 海洋候选国家公园分布图

表性的滨海地质景观，潟湖生态类型）；东海区 2 个：东海南北麂列岛（海岛生态类型）、东海福鼎福瑶列岛（海岛生态类型）；南海区 4 个：南海雷州半岛（珊瑚礁、红树林两种生态类型）、南海北部湾（广西沙田）（红树林、海草床两种生态类型，红树林、海鸟生物景观）、南海万宁大洲岛（海岛生态类型，热带—亚热带过渡区）、南海珊瑚礁（珊瑚礁、海岛生态类型）。

10.3 候选国家公园名单与空间分布

根据综合评估，最终确定候选国家公园 84 处，其中陆地候选国家公园 76 处，海洋候选国家公园 8 处，名单及空间分布见表 10-6 和图 10-5。

表 10-6 候选国家公园地区名单

国家公园类型	候选名单
陆地类	大兴安岭、小兴安岭、三江平原湿地、东北虎豹、长白山、扎龙、泰山、辽河河口、燕山、北大港、黄河三角洲、南太行山、五台山、六盘山、桥山、吕梁山、长江三峡、鄱阳湖、崇明长江口、钱江源、大别山、黄山、苏北滨海湿地、秦岭、伏牛山、神农架、天目山、丽水凤阳山、仙居、武夷山、泰宁丹霞、戴云山、井冈山、南山—舜皇山、丹霞山、峨眉山、高黎贡山、梅里雪山—普达措、玉龙雪山—老君山、哀牢山、壶瓶山、鄂西大峡谷、张家界、梵净山、漓江山水、茂兰—木论、北盘江峡谷、乌蒙山、金佛山、南岭、十万大山、五指山、亚洲象、塞罕坝、大青山、呼伦贝尔、锡林郭勒、贺兰山、居延海、艾比湖、喀纳斯、天山博格达、西天山、库木塔格、雅鲁藏布江大峡谷、岷山大熊猫、若尔盖、亚丁—泸沽湖、贡嘎山、珠穆朗玛峰、羌塘、札达土林、帕米尔、祁连山、三江源、昆仑山
海洋类	渤海长山列岛、黄海威海成山头、东海南北麂列岛、东海福鼎福瑶列岛、南海雷州半岛、南海北部湾（广西沙田）、南海万宁大洲岛、南海珊瑚礁

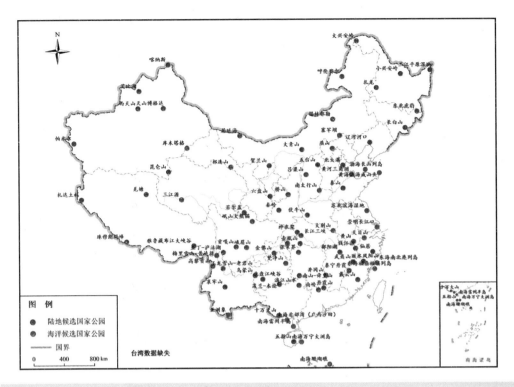

图 10-5　候选国家公园（陆地、海洋）总空间布局

10.4　优先建设候选国家公园

根据候选国家公园的评分，综合考虑国家代表性、生态区位重要性、紧迫性和可行性，确定优先建设的国家公园 42 处，其中，陆地类 38 处，海洋类 4 处（表 10-7、图 10-6）。这些优先建设候选公园保育了我国最具代表性的自然生态系统和最珍贵自然资源，是我国最具保护价值的区域。

表 10-7　优先建设候选国家公园名单

区域	数量/个	优先建设候选国家公园名单
东北地区	3	大兴安岭、东北虎豹、长白山
华北地区	6	燕山、北大港、塞罕坝、呼伦贝尔、泰山、渤海长山列岛
东部地区	7	苏北滨海湿地、崇明长江口、武夷山、黄山、钱江源、丽水凤阳山、东海南北鹿列岛

区域	数量/个	优先建设候选国家公园名单
中部地区	6	南太行山、神农架、张家界、南山—舜皇山、鄱阳湖、井冈山
华南地区	5	南岭、丹霞山、五指山、南海珊瑚礁、南海北部湾（广西沙田）
西南地区	9	岷山大熊猫、贡嘎山、高黎贡山、梵净山、珠穆朗玛峰、北盘江峡谷、茂兰—木论、梅里雪山—普达措、玉龙雪山—老君山
西北地区	6	秦岭、祁连山、贺兰山、三江源、天山博格达、喀纳斯

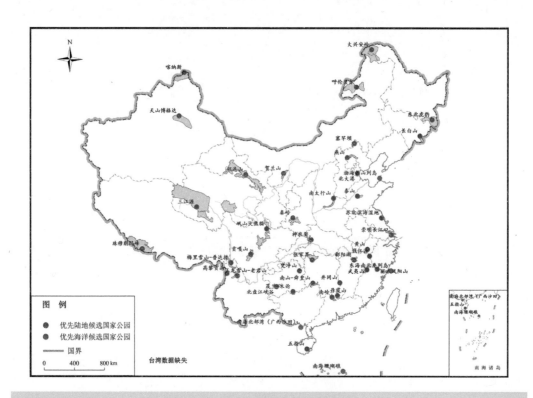

图 10-6　优先建设候选国家公园空间布局

第 11 章　候选国家公园简介

为了对每个候选国家公园区位、范围、生态系统类型、重点保护物种分布、自然景观特点、历史文化价值以及保护现状等方面有综合了解，本章对每个候选国家公园作简单介绍，以期为后续国家公园的规划提供参考。

11.1　东北地区

11.1.1　大兴安岭国家公园

大兴安岭国家公园位于大兴安岭山脉北部，与俄罗斯接壤，空间范围涉及黑龙江漠河、呼玛以及内蒙古额尔古纳等县（市），面积约 29610 平方千米。

大兴安岭国家公园属大兴安岭北部针叶林生态地理区，主要生态系统类型为以兴安落叶松为代表的寒温带针叶林生态系统，是我国保存最完整、最原始的寒温带原始明亮针叶林地区。独特的气候特征和生态系统类型保护了区域内独特的野生动植物资源，其中，高等植物约 320 种，脊椎动物 136 种，重点保护动物有黑嘴松鸡、原麝、紫貂、貂熊等。大兴安岭湿地资源丰富，有河流湿地、湖泊湿地、沼泽湿地三大类湿地，河网密布，是呼玛河的发源地，对维护黑龙江流域的生态安全具有重要意义。大兴安岭地貌属于中低山冰缘（或冻土）地貌，总地势西高东低，山峦连绵，森林植被垂直分布明显，森林和湿地景观独具特色。大兴安岭既是中国北方游猎部族和游牧民族的发祥地，也是东胡、鲜卑、契丹、蒙古等民族起源的摇篮，并有鄂温克、鄂伦春、达斡尔、锡伯等少数民族，历史文化资源丰富。

区域内现有自然保护地有北三局（乌玛、奇乾、永安山）原始林区、额尔古纳国家级自然保护区、大兴安岭汗马国家级自然保护区、呼中国家级自然保护区、潮查原始林保护区等。

11.1.2　小兴安岭国家公园

小兴安岭国家公园位于小兴安岭北麓，空间范围涉及黑龙江伊春、逊克等县（市），面积 11559 平方千米。

小兴安岭国家公园属大兴安岭、小兴安岭针阔混交林生态地理区，主要生态系统类型为我国保存最完整、最具代表性的森林沼泽、灌丛沼泽、草丛沼泽、浮毯沼泽等构成的湿地生态系统，也是我国北方高纬度、多种类、复合型湿地自然生态系统。小兴安岭湿地是欧亚东北亚水禽迁徙过境的重要通道和野生动植物的重要栖息地和繁殖地，其中，高等植物 1600 多种，主要有红松、钻天柳、黄檗、紫椴等；脊椎动物 640 多种，主要有中华秋沙鸭、白头鹤、东方白鹳、丹顶鹤、原麝、紫貂等。并保留了众多原始的自然景观，包括目前我国类型最齐全、发育最典型、造型最丰富的印支期花岗岩石林地质遗迹等。小兴安岭森林茂密、河流纵横、面积广阔，是松花江及黑龙江流域重要的生态屏障和水源涵养地，生态区位十分重要。

区域内现有自然保护地有乌伊岭国家级自然保护区、友好国家级自然保护区、大沽河湿地国家级自然保护区、丰林国家级自然保护区、新青白头鹤国家级自然保护区、伊春小兴安岭国家地质公园、伊春兴安国家森林公园、小兴安岭石林国家森林公园、汤旺河公园等。

11.1.3　三江平原湿地国家公园

三江平原湿地国家公园位于黑龙江与乌苏里江汇流的三角地带，空间范围涉及黑龙江抚远、同江等县（市），面积 1841 平方千米。

三江平原湿地国家公园属长白山针阔混交林生态地理区，主要生态系统类型为内陆湿地和水域生态系统，为三江平原东端受人为干扰最小的湿地生态系统的典型代表，也是全球少见的淡水沼泽湿地之一。自然植被以沼泽化草甸为主，野生动植物资源十分丰富，是重要的生物资源基因库，其中，高等植物 532 种，有野大豆、水曲柳、核桃楸、刺五加等；脊椎动物约 300 种，代表动物有大马哈鱼、银鲑鱼、细鳞鱼等珍稀鱼类，以及东方白鹳、大天鹅、丹顶鹤等珍贵水禽，是东北亚候鸟南归北迁的重要停歇地和繁殖地。三江平原湿地自然景观价值高，泡沼遍布、河流纵横、岛屿众多，也是"六小民族"之一赫哲族的聚居区，保留了众多历史文化遗产和民族风俗传统。三江平原湿地为东北地区气候调节、水源涵养、洪水调蓄及人类活动安全提供了重要保障，是我国东北生态系统服务功能的重要区域。

区域内现有自然保护地包括三江国家级自然保护区、八岔岛国家级自然保护区、洪河国家级自然保护区、勤得利鲟鳇鱼省级自然保护区、黑瞎子岛等。

11.1.4 扎龙国家公园

扎龙国家公园位于大兴安岭、小兴安岭与长白山脉及松辽分水岭之间的松辽盆地中部区域，空间范围涉及黑龙江齐齐哈尔、富裕、林甸、杜尔伯特等县（市），面积 3580 平方千米。

扎龙国家公园属东北平原森林草原生态地理区，主要生态系统类型为湿地生态系统，是中国北方同纬度地区中保留最完整、最原始、最开阔的湿地生态系统。区域拥有众多古老物种，是天然的物种库和基因库，其中，高等植物近 500 种，脊椎动物 360 多种，是众多鸟类和珍稀水禽的栖息繁殖地，重点保护动物为鹤类，包括丹顶鹤、白鹤、白头鹤、白枕鹤、蓑羽鹤等，被誉为世界"鹤乡"。扎龙湿地毗邻东北地区少数民族聚居区，有满族、达斡尔族、柯尔克孜族等，民族风情浓郁，是东北少数民族文化和鹤文化的重要分布区，具有较高的文化价值。扎龙湿地是重要的水源涵养区，具有涵养水源和调节气候的作用。

区域内现有自然保护地包括扎龙国家级自然保护区、乌裕尔河国家级自然保护区等。

11.1.5 东北虎豹国家公园

东北虎豹国家公园位于长白山支脉老爷岭南部，吉林延边朝鲜族自治州中、俄、朝三国交界地带，空间范围涉及吉林汪清、珲春、敦化，黑龙江东宁、穆棱、宁安等县（市），面积 14566 平方千米。

东北虎豹国家公园属长白山针阔混交林生态地理区，主要生态系统类型为寒温带和温带山地针叶林，温带针叶、落叶阔叶混交林生态系统。野生动植物资源极为丰富，堪称图们江流域世界级的"生态宝库"，其中，高等植物 978 种，有东北红豆杉、红松、紫椴、黄檗、水曲柳等，是东北红豆杉种群的集中分布区；脊椎动物约 390 种，以保护东北虎为主，是中国野生东北虎分布数量与密度最高的区域，也是俄罗斯东北虎种源向中国境内扩散的重要通道和栖息地，还有豹、梅花鹿、紫貂、原麝、丹顶鹤、金雕、虎头海雕等珍稀野生动物。园内以山地景观、动植物景观为主要景观类型，自然景观种类多，价值较高。地处朝鲜族聚居区，民俗风情浓郁，人文历史资源丰富。

区域内现有自然保护地有老爷岭东北虎国家级自然保护区、吉林汪清国家级自然保护区、黑龙江穆棱国家级自然保护区、吉林天桥岭东北虎国家级自然保护区、珲春东北虎国家级自然保护区、吉林黄泥河东北虎国家级自然保护区、黑龙江小北湖国家级自然保护区、凤凰山国家级自然保护区、雁鸣湖国家级自然保护区、镜泊湖国家地质公园、镜泊湖国家级风景名胜区、镜泊湖国家森林公园等。

11.1.6　长白山国家公园

长白山国家公园位于长白山脉东南部，与朝鲜相毗邻，空间范围涉及吉林长白、抚松、安图等县（市），面积 3205 平方千米。

长白山国家公园属长白山针阔混交林生态地理区，主要生态系统类型为以红松为代表的山地针叶阔叶混交林生态系统，森林生态系统十分完整，在同纬度带上，其动植物资源十分丰富，是欧亚大陆北半部最具有代表性的典型自然综合体，世界少有的"物种基因库"，其中，高等植物 1773 种，有人参、东北红豆杉、长白松等；脊椎动物 370 种，包括重点保护动物紫貂、东北虎、金钱豹等。长白山是一座巨型复合式盾状休眠火山，火山地貌十分典型，集中反映了世界上最突出的 4 种地貌类型，即火山熔岩地貌、流水地貌、喀斯特地貌和冰川冰缘地貌。长白山是满族的发祥地，也是朝鲜族聚集区，历史悠久，文化内涵博大精深。

区域内现有自然保护地包括吉林长白山国家级自然保护区、长白山火山国家地质公园、长白山国家森林公园、长白山北坡国家森林公园、靖宇国家级自然保护区、龙湾国家级自然保护区、哈泥国家级自然保护区、伊通火山群国家级自然保护区等。

11.1.7　辽河河口国家公园

辽河河口国家公园位于渤海辽东湾的顶部、辽河三角洲中心区域，空间范围涉及辽宁大洼、凌海、盘山等县（市），面积 2158 平方千米。

辽河河口国家公园属辽东、胶东半岛落叶阔叶林生态地理区，主要生态系统类型为海岸河口湾湿地生态系统，是世界上生态系统保存完整的湿地之一，以芦苇沼泽和柽柳、碱蓬等植物群落为主，野生植物 126 种。良好的生态环境和特殊植被类型养育着丰富的动物资源，是天然的物种基因库，是东亚至澳大利亚水禽迁徙路线上的中转站、目的地，脊椎动物约 700 种,其中重点保护动物有丹顶鹤、白鹤、白鹳、黑鹳等,并有"黑嘴鸥之乡"的美誉。辽河河口湿地以苇海为主的自然景观独特,芦苇沼泽面积居亚洲第一,碱蓬滩涂形成举世罕见的红海滩,景观价值极高。辽河三角洲人文资源丰富,有湿地文化、鹤文化、古代海洋文明口头文学非物质文化遗产、民间戏曲等,历史文化价值较高。

区域内现有自然保护地有辽河口国家级自然保护区、锦州大笔架山特别保护区、辽东湾渤海湾莱州湾国家级水产种质资源保护区等。

11.2　华北地区

11.2.1　燕山国家公园

燕山国家公园位于燕山山脉西端,海坨山南麓,空间范围涉及北京延庆、怀柔、密云以及河北怀来、滦平、赤城等县(市),面积 3859 平方千米。

燕山国家公园属华北平原落叶阔叶林生态地理区,主要生态系统类型为典型的北温带山地森林生态系统,在华北地区具有很强的代表性,并拥有华北地区唯一成片的天然次生油松林。动植物资源丰富,高等植物 861 种,其中重点保护植物有软枣猕猴桃、黄檗、核桃楸、野大豆、刺五加等;脊椎动物 211 种,珍稀动物有白肩雕、金雕、斑羚、金钱豹等。松山拥有丰富的地质遗迹,以硅化木化石和恐龙足迹化石为代表,集构造、沉积、古生物、岩浆活动及北方岩溶地貌于一体,自然景观价值极高。同时具有较高的历史文化价值,出土了大量新旧石器,有多处文化遗存,周围的长城遗址是我国宝贵的文化遗产。松山生态区位重要,是首都的生态屏障,在水源涵养、抵御风沙及空气净化等方面具有重要作用。

区域内现有自然保护地有长城国家公园(试点)、雾灵山国家级自然保护区(北京、河北)、松山国家级自然保护区、大海陀国家级自然保护区、玉渡山自然保护区、喇叭沟门自然保护区、延庆硅化木国家地质公园等。

11.2.2　北大港国家公园

北大港国家公园位于渤海湾西岸,空间范围涉及天津滨海新区,面积 774 平方千米。

北大港国家公园属华北平原落叶阔叶林生态地理区,主要生态系统类型为温带滩涂湿地生态系统，面积较大，保存较完整。北大港湿地生物多样性丰富，处于亚洲东部鸟类迁徙的线路上，是东亚至澳大利亚候鸟迁徙的必经之地，生态区位十分重要，每年春秋两季，大量鸟类会途经北大港湿地停歇、栖息、觅食，截至 2017 年 12 月，在北大港湿地的候鸟达 60 余种，近 30 万只，其中有国家 I 级保护鸟类 6 种，国家 II 级保护鸟类 17 种，包括丹顶鹤、遗鸥、大鸨、大天鹅、苍鹭、灰鹤等，北大港湿地是我国重要的候鸟栖息地之一。北大港自然景观价值高，拥有河流、湖泊、浅海滩涂、候鸟等多种类型自然景观。历史文化资源丰富，有石油文化、港口文化等，是津门文化的重要组成部分，也是京津冀一体化建设的重要环节。

区域内现有自然保护地有北大港湿地自然保护区、团泊鸟类自然保护区等。

11.2.3　塞罕坝国家公园

塞罕坝国家公园位于内蒙古高原的东南缘，阴山、大兴安岭和燕山余脉交汇处，空间范围涉及河北围场、内蒙古克什克腾旗等县（市），面积 3052 平方千米。

塞罕坝国家公园属内蒙古半干旱草原生态地理区，主要生态系统类型为温带草原生态系统和温带森林生态系统，天然植被群落保护完好，森林草甸植被和湿地沼泽基本处于自然状态，分布有高等植物 951 种，包括胡桃楸、刺五加等；脊椎动物 300 多种，有豹、马鹿、猞猁、金雕、大鸨、黑鹳等重点保护动物，是华北地区重要的生物物种基因库。塞罕坝自然景观类型丰富多样，森林草原交错相连、河流湖泊星罗棋布，景观价值高。塞罕坝是清代皇家猎苑木兰围场的一部分，也是满、蒙民族聚居区，文化相互交融，民族风情浓厚，拥有较高的历史文化价值。塞罕坝保存着大面积的华北北部典型森林，对于北京和天津抵御风沙、涵养水源具有重要意义，是京津地区生态安全的重要屏障。

区域内现有自然保护地有塞罕坝国家级自然保护区、围场红松洼国家级自然保护区、滦河上游国家级自然保护区、桦木沟省级自然保护区等。

11.2.4　呼伦贝尔国家公园

呼伦贝尔国家公园位于大兴安岭南段西坡，呼伦贝尔大草原内，空间范围涉及内蒙古新巴尔虎右旗、新巴尔虎左旗、鄂温克族自治旗、陈巴尔虎旗等，面积 19843 平方千米。

呼伦贝尔国家公园属内蒙古半干旱生态地理区，主要生态系统类型为温带草原生态系统，并有高原湿地、高山草甸等多种生态系统类型。呼伦贝尔野生动物种类和数量繁多，高等植物 611 种，脊椎动物 348 种，尤其以湿地珍禽最为著名，如大鸨、丹顶鹤、大天鹅、鸿雁等，是国际重要的候鸟繁殖地之一。呼伦贝尔草原拥有独特的原始草原、湖泊、沙地等多种自然景观，极具景观美学价值。呼伦湖湿地生态系统与呼伦贝尔草原和大兴安岭森林生态系统组成我国北方绿色生态屏障，并与俄罗斯达乌尔斯克、蒙古国达乌尔保护区共同构成了东北亚地区草原湿地生态系统，是东北亚乃至全球重要的生态屏障，生态区位十分重要。呼伦贝尔是北方众多游牧民族的主要发祥地，拥有灿烂的民族文化。

区域内现有自然保护地有达赉湖国家级自然保护区、辉河国家级自然保护区等。

11.2.5　锡林郭勒国家公园

锡林郭勒国家公园位于大兴安岭以南、内蒙古草原中南部地区，空间范围涉及内蒙古锡林浩特、克什克腾旗、西乌珠穆沁旗等，面积 10792 平方千米。

锡林郭勒国家公园属内蒙古半干旱生态地理区，生态系统类型多样，主要有温带草原生态系统、河谷湿地生态系统及沙地云杉林生态系统。生物多样性丰富，以蒙古草原植物为主，高等植物 870 多种，代表性植物有贝加尔针茅、大针茅、沙地云杉、沙芦草和毛披碱草等；脊椎动物约 200 种，珍稀动物以鸟类为主，有东方白鹳、黑鹳、白尾海雕、丹顶鹤等，还有马鹿、猞猁、狍子、沙狐等兽类。锡林郭勒保留有完整的温带草原景观，以及森林、湖泊、沼泽湿地、沙地、火山遗迹等多种自然景观，具有较高的景观价值。锡林郭勒是蒙古族聚居区，拥有大量蒙古族人文遗迹、浓郁的蒙古族传统民俗及悠久的历史文化。

区域内现有自然保护地有锡林郭勒草原国家级自然保护区、白音敖包国家级自然保护区、白银库伦遗鸥省级自然保护区、潢源省级自然保护区等。

11.2.6　大青山国家公园

大青山国家公园位于阴山山脉中部，空间范围涉及内蒙古乌拉特前旗、包头、固阳、土默特右旗、武川、呼和浩特、卓资等县（市），面积 8939 平方千米。

大青山国家公园属内蒙古半干旱草原生态地理区，拥有完好的荒漠草原、山地森林生态系统，生物资源丰富，高等植物 755 种，脊椎动物 217 种，主要保护动物有金雕、黑鹳、胡兀鹫、雪豹等。自然景观类型多样，有森林、草原、荒漠等，具有较高的美学价值。大青山是我国古代游牧文化与农耕文化的分界线，也是我国蒙古族、满族、回族等少数民族聚居区，历史文化价值高。大青山是我国季风区与非季风区分界线，草原与荒漠草原分界线,蒙古高原草原区与黄土高原草原区的分水岭,沟通东北、华北、西北动植物区系的过渡带和大通道,构成了一条环内亚干旱、半干旱区南缘的生态交错带,生态区位十分重要;另外,大青山是黄河上中游重要的水源补给区,在调节我国北方水分平衡和水资源供给中起着重要的作用。

区域内现有自然保护地有大青山国家级自然保护区、哈素海省级自然保护区、梅力更省级自然保护区、乌拉山省级自然保护区、春坤山自然保护区、哈达门国家森林公园、乌素图国家森林公园、五当召国家森林公园、河套国家森林公园、乌拉山国家森林公园等。

11.2.7 五台山国家公园

五台山国家公园位于太行山北端,空间范围涉及山西五台、繁峙、灵丘,河北涞源、蔚县、涿鹿,北京门头沟等县(区),面积 3882 平方千米。

五台山国家公园属华北平原落叶阔叶林生态地理区,主要生态系统类型为暖温带落叶阔叶林生态系统。动植物资源较丰富,其中高等植物 1100 多种,保护植物有紫椴、黄檗、凹舌兰、珊瑚兰、紫斑杓兰等,脊椎动物 170 多种,保护动物有褐马鸡、黑鹳、金雕、斑羚、红隼等。五台山拥有独特而完整的地球早期地质构造、地层剖面、古生物化石遗迹、新生代夷平面及冰缘地貌,完整记录了地球新太古代晚期—古元古代地质演化历史,具有世界性地质构造和年代地层划界意义和对比价值,自然景观价值高。五台山历史文化价值极高,为我国佛教四大名山之首,保留有众多珍贵的历史文物、宗教古建等,是世界文化景观遗产地。

区域内现有自然保护地有五台山国家级风景名胜区、五台山国家地质公园、五台山国家森林公园、小五台山国家级自然保护区、百花山国家级自然保护区、灵丘黑鹳自然保护区、忻州五台山保护区、繁峙臭冷杉保护区等。

11.2.8 吕梁山国家公园

吕梁山国家公园位于吕梁山脉中北部,空间范围涉及山西娄烦、交城等县(市),面积 1820 平方千米。

吕梁山国家公园属黄土高原森林草原生态地理区,主要生态系统类型为温带落叶阔叶林生态系统,生态系统完整。动植物资源丰富,是晋西北低山浅山区生物多样性最为丰富的地区之一,植物 800 多种,以华北落叶松林、云杉天然次生林为代表性植被,还有油松、山杨、红桦、白桦等；野生动物 238 种，保护动物有褐马鸡、金雕、黑鹳、原麝等。吕梁山山地景观和森林景观资源丰富，景观价值较高。吕梁山历史悠久，是武则天、郭子仪、宋之问等历史名人故里，也是我国著名的革命老区，是红军东征主战场、晋绥边区首府所在地，拥有较高的历史文化价值。吕梁山生态区位十分重要，对于涵养汾河水源以及探索西北部山区综合开发途径有着重要的意义。

区域内现有自然保护地有庞泉沟国家级自然保护区、云顶山省级自然保护区、汾河上游省级自然保护区、关帝山国家森林公园等。

11.2.9　泰山国家公园

泰山国家公园位于华北平原和山东半岛的过渡地带泰沂山脉北部，空间范围涉及山东泰安、莱芜等市，面积 1981 平方千米。

泰山国家公园属辽东、胶东半岛落叶阔叶林生态地理区，主要生态系统类型为温带落叶阔叶林构成的森林生态系统，植被丰富，有森林、灌丛、灌丛草甸、草甸等类型，高等植物 1400 多种，脊椎动物 240 多种，主要为鲁中南山地丘陵动物地理区的代表性类群，并且多为华北地区可见种。泰山是世界文化与自然双遗产，位居"五岳之首"，是中华民族的象征，具有国家代表性。地貌类型繁多，分为侵蚀构造中山、侵蚀构造低山、侵蚀丘陵和山前冲洪积台地等类型，景观价值高。泰山是黄河流域古代文化的发祥地之一，人文历史悠久，文化遗产丰厚，曾是皇帝封禅、祭祀活动的重要场所。

区域内现有自然保护地有泰山国家地质公园、泰山国家级风景名胜区、泰山国家森林公园、祖徕山自然保护区、花山林场保护区、寄母山保护区等。

11.2.10　黄河三角洲国家公园

黄河三角洲国家公园位于黄河入海口，空间范围涉及山东无棣、沾化、东营、垦利等县（市），面积 756 平方千米。

黄河三角洲国家公园属华北平原落叶阔叶林生态地理区，主要生态系统类型为暖温带河口湿地生态系统，是中国最大的新生湿地。生物多样性丰富，高等植物 340 多种，脊椎动物 518 种，是东北亚内陆和环西太平洋鸟类迁徙重要的"中转站"、越冬地和繁殖地，珍稀濒危鸟类众多，重点保护鸟类有白鹤、中华秋沙鸭、白尾海雕、金雕、丹顶鹤、白头鹤、大鸨等，其他保护动物有白鲟、达氏鲟、江豚、宽吻海豚、松江鲈鱼等。黄河三角洲地质景观价值较高，主要地质遗迹有河流侵蚀—堆积地貌景观、沉积构造以及古海陆交互线遗迹等，并分布着两条重要的古海陆交互线（贝壳堤）。黄河三角洲历史文化底蕴深厚，有黄河文化、孔孟文化、移民文化、齐鲁文化、海洋文化等，并保留有大量古迹遗存和传统民俗习惯。

区域内现有自然保护地有黄河三角洲国家级自然保护区、沾化海岸带湿地市级自然保护区、滨州贝壳堤岛与湿地国家级自然保护区、黄河三角洲国家地质公园等。

11.3　东部地区

11.3.1　苏北滨海湿地国家公园

苏北滨海湿地国家公园位于黄海之滨，长江三角洲北翼，空间范围涉及江苏响水、滨海、射阳、大丰、东台等县（市），面积 2897 平方千米。

苏北滨海湿地国家公园属北亚热带长江中下游平原湿地混交林生态地理区，主要生态系统类型为滩涂湿地生态系统，植被为盐生草甸、盐土沼泽、水生植被，原始生态环境保存完好，并拥有全省最大的沿海滩涂。生物多样性丰富，高等植物 542 种，脊椎动物 745 种，包括丹顶鹤、白头鹤、白鹤、东方白鹳、黑鹳等珍稀水禽，并拥有世界最大的野生麋鹿种群，是世界最大的麋鹿基因库，被誉为"丹顶鹤的家园""麋鹿的故乡"。苏北滨海湿地自然景观以水文湿地景观和动植物栖息地景观为代表，景观丰富多样，价值较高。历史文化底蕴深厚，海盐文化为文化之根，盐城曾是华中敌后抗日根据地的政治、军事和文化中心。

区域内现有自然保护地有盐城湿地珍禽国家级自然保护区、大丰麋鹿国家级自然保护区、条子泥湿地等。

11.3.2　崇明长江口国家公园

崇明长江口国家公园位于长江入海口，崇明岛东南端，空间范围涉及上海崇明区，面积 1066 平方千米。

崇明长江口国家公园属北亚热带长江中下游平原湿地混交林生态地理区，主要生态系统类型为潮滩湿地生态系统，是目前长江口规模最大、发育最完善的河口型潮汐滩涂湿地，并保留有自然原生状态。生物多样性丰富，其中，高等植物 129 种，脊椎动物 478

种，是亚太地区迁徙水鸟的重要通道，重点保护鸟类有白头鹤、黑鹳、东方白鹳、白尾海雕等，也是中华鲟等多种生物周年性溯河和降河洄游的必经通道。自然景观价值较高，河口湿地区域是陆地和海洋之间的生态交错带，各生态系统相互交错，是为数不多和较为典型的咸淡水河口湿地，有着独特的水域天象景观和生物景观资源。历史文化资源丰富，背靠我国经济中心上海，具有海派文化、吴越文化等特征。

区域内现有自然保护地有崇明东滩鸟类国家级自然保护区、长江口中华鲟省级自然保护区、九段沙湿地国家级自然保护区等。

11.3.3　天目山国家公园

天目山国家公园位于天目山脉，空间范围涉及浙江临安、安吉等市（县），面积 476 平方千米。

天目山国家公园属北亚热带长江中下游平原湿地混交林生态地理区，主要生态系统类型为亚热带山地森林生态系统，自然生境面积比例高，拥有大量原始、保存完好的森林，特别是野生银杏、柳杉、金钱松等群落。园内生物多样性丰富，高等植物 1900 余种，脊椎动物 210 余种，包含多种珍稀、濒危的野生动植物，有白颈长尾雉、华南梅花鹿、白枕鹤、金钱豹、云豹、南方红豆杉、天目铁木、银缕梅、银杏等。天目山地貌独特，地形复杂，自然地质遗迹极具代表性，被称为"华东地区古冰川遗址之典型"。天目山历史悠久，拥有璀璨夺目的宗教文化，是儒、道、佛等文化融于一体的名山。生态区位重要，位于黄山—怀玉山生物多样性保护优先区域，及天目山—怀玉山区水源涵养与生物多样性保护重要区内，对维护区域国土生态安全具有特殊意义。

区域内现有自然保护地有天目山国家级自然保护区、龙王山自然保护区等。

11.3.4　钱江源国家公园

钱江源国家公园位于东南沿海，南岭山系怀玉山脉，空间范围涉及浙江开化、江西婺源等县，面积 566 平方千米。

钱江源国家公园属北亚热带长江中下游平原湿地混交林生态地理区，主要生态系统类型为中亚热带常绿阔叶林构成的森林生态系统，分布有原始状态的大片天然次生林，是联系华南到华北植物的典型过渡带，是华东地区重要的生态屏障。生物资源丰富，野生植物 700 多种，动物 239 种，重要保护动物有白颈长尾雉、黑麂、云豹等，是保存生物物种的天然基因库。钱江源为钱塘江的源头，峰峦叠嶂，具有典型的江南古陆强烈上升山地的地貌特征，形成了山河相间的地形特点，自然景观类型多样，包括山地、峡谷、瀑布、河流、古树名木等，美学价值极高。钱江源人文资源丰富，名胜古迹众多，保留有宋明时期寺庙、抗战时期遗址及大量历史传说和重点文物，历史文化价值较高。

区域内现有自然保护地有浙江钱江源国家森林公园、古田山国家级自然保护区、婺源常绿阔叶林保护区、婺源莲花山保护区等。

11.3.5　仙居国家公园

仙居国家公园位于浙东山地丘陵区，空间范围涉及浙江仙居县，面积 308 平方千米。

仙居国家公园属中亚热带浙闽沿海山地常绿阔叶林生态地理区，主要生态系统类型为亚热带森林生态系统。生物多样性保持良好，物种丰富，高等植物 1614 种，脊椎动物约 230 种，是华东地区重要的基因库，森林植被类型主要有暖性针叶林、常绿阔叶林、落叶阔叶林、落叶阔叶混交林、山顶苔藓短曲林、针阔混交林、竹林灌丛等。自然景观资源丰富，涵盖了地文景观、水文景观、生物景观、天象景观，是目前世界上最大的火山流纹岩地貌典型。仙居文化积淀深厚，境内有距今10000多年的下汤文化遗址，国内未破解的八大奇文之一的"蝌蚪文"，以及李白留下《梦游天姥吟留别》恢宏诗篇的天姥山、中国历史文化名镇皤滩古镇、宋代大理学家朱熹曾送子求学的桐江书院、春秋古越文字等，文物古迹众多。

区域内现有自然保护地有仙居国家森林公园、仙居国家级风景名胜区、仙居神仙居国家地质公园、苍山省级自然保护区等。

11.3.6　丽水凤阳山国家公园

丽水凤阳山国家公园位于浙闽丘陵地区，空间范围涉及浙江庆元等县（市），面积670 平方千米。

丽水凤阳山国家公园属中亚热带浙闽沿海山地常绿阔叶林生态地理区，主要生态系统类型为典型地带性常绿阔叶林、常绿落叶阔叶混交林生态系统及高山湿地生态系统，具有明显垂直带谱系列的森林植被群落分布，自然生境面积比例高，拥有大量典型、多样、珍稀、原生的亚热带原始森林。生物多样性丰富，重要保护植物约 30 种，有百山祖冷杉、红豆杉、南方红豆杉、伯乐树等；重要保护动物 54 种，有黄腹角雉、黑麂、白颈长尾雉、金钱豹、云豹等。凤阳山自然景观优美，拥有"江浙第一高峰"的黄茅尖以及瓯江的发源地龙渊峡。历史文化资源丰富，自古为"瓯婺八闽通衢""驿马要道、商旅咽喉"，还有畲族民俗文化、龙泉青瓷和宝剑的制作工艺等民俗民间文化。

区域内现有自然保护地有凤阳山—百山祖国家级自然保护区、庆元国家森林公园等。

11.3.7　黄山国家公园

黄山国家公园位于皖南山区，空间范围涉及安徽黄山市，面积 675 平方千米。

黄山国家公园属北亚热带长江中下游平原湿地混交林生态地理区，主要生态系统类型为中亚热带常绿阔叶林构成的森林生态系统，生态系统稳定平衡，植物群落完整而垂直分布，有"华东植物宝库"之称，珍稀植物有黄山松、黄山杜鹃、天女花、木莲、南方铁杉等；黄山是重要的动物栖息和繁衍地，保护动物有云豹、黑麂、红嘴相思鸟、棕噪鹛、白鹇等。黄山自然景观独特，以奇松、怪石、云海、温泉、冬雪"五绝"闻名，地质遗迹丰富，以峰林、冰川遗迹为主，兼有花岗岩造型石、花岗岩洞室、泉潭溪瀑等。黄山历史地位极高，素有"五岳归来不看山，黄山归来不看岳"的美誉，黄山迎客松已成为中国与世界人民和平友谊的象征；皇帝文化、宗教文化、徽州文化、诗词文化等以黄山为载体，历史文化价值极高。

区域内现有自然保护地有黄山风景名胜区、黄山国家森林公园、黄山地质公园、黄山天湖山自然保护区、九龙峰省级自然保护区、天湖省级自然保护区等。

11.3.8　大别山国家公园

大别山国家公园位于大别山脉腹地，空间范围涉及安徽金寨、霍山，湖北英山、罗田，河南商城等县（市），面积 1845 平方千米。

大别山国家公园属北亚热带长江中下游平原湿地混交林生态地理区，主要生态系统类型为北亚热带落叶—常绿阔叶混交林构成的森林生态系统，具有较强的典型性、代表性和自然原始性。生物资源丰富，高等植物约 2190 种，主要保护植物有大别山五针松、金钱松、香果松、连香树等，脊椎动物 217 种，主要保护动物有原麝、白冠长尾雉、勺鸡等，为宝贵的生物基因库，在华东地区乃至国内均属罕见。东延的天柱山保存了系统完整的地质遗迹，拥有世界暴露最深的超高压变质带、亚洲珍稀的古新世哺乳类动物化石以及雄奇壮观的花岗岩峰林峰丛地貌等。大别山历史文化价值较高，新民主主义革命时期，是中国红军第四方面军诞生的摇篮，我国著名的革命根据地、红色胜地。

区域内现有自然保护地包括大别山国家级自然保护区、金寨天马国家级自然保护区、鹞落坪国家级自然保护区、湖北大别山（黄冈）国家地质公园、安徽大别山国家地质公园、淮河源国家森林公园等。

11.3.9　武夷山国家公园

武夷山国家公园位于武夷山脉北端，空间范围涉及福建武夷山、建阳、光泽、邵武等县（市），面积 1839 平方千米。

武夷山国家公园属中亚热带浙闽沿海山地常绿阔叶林生态地理区，主要生态系统类型为中亚热带原生性天然常绿阔叶林构成的森林生态系统。武夷山物种资源丰富，高等植物 2822 种，脊椎动物约 470 种，保存了世界同纬度带大量完整无损、多种多样的林带，几乎囊括了中国亚热带所有原生性常绿阔叶林和岩生性植被群落，包括大量古老和珍稀的植物物种，其中很多为中国独有，在动物种类中尤以两栖、爬行类和昆虫类分布众多而闻名，是世界著名的模式标本产地。武夷山地质遗迹丰富，主要有前震旦系和震旦系的变质岩系，中生代的火山岩、花岗岩和碎屑岩、河湖相沉积，及丰富的动植物化石，具有极高的科研价值。武夷山宗教文化源远流长，是我国重要的佛道名山，也是朱子理学的摇篮，具有较高的历史文化价值。

区域内现有自然保护地有福建武夷山国家级自然保护区、江西武夷山国家级自然保护区、武夷山风景名胜区、武夷山国家森林公园、武夷山天池国家森林公园、龙湖山国家森林公园等。

11.3.10　泰宁丹霞国家公园

泰宁丹霞国家公园位于武夷山脉中南部，空间范围涉及福建泰宁、建宁、将乐、明溪等县（市），面积 1614 平方千米。

泰宁丹霞国家公园属中亚热带浙闽沿海山地常绿阔叶林生态地理区，主要生态系统类型为亚热带常绿阔叶林生态系统。动植物资源丰富，高等植物 2548 种，脊椎动物 481 种。泰宁丹霞是世界自然遗产"中国丹霞"的重要组成部分，是中国亚热带湿润区青年期低海拔山原—峡谷型丹霞的唯一代表，也是中国丹霞从青年期—壮年期—老年期地貌演化过程中不可或缺的重要一环，以"最密集的网状谷地、最发育的崖壁洞穴、最完好的古夷平面、最丰富的岩穴文化、最宏大的水上丹霞"为特色，极具国家代表性。泰宁是"汉唐古镇，两宋名城"，保留有众多历史古迹，其中尚书第、世德堂是中国保存最为完好的明代江南古建筑群，还留有众多非物质文化遗产，具有较高的历史文化价值。

区域现有自然保护地有大金湖国家地质公园、金湖风景名胜区、猫儿山国家森林公园、闽江源国家森林公园、闽江源国家级自然保护区、君子峰国家级自然保护区、龙栖山国家级自然保护区、泰宁长叶榧自然保护区等。

11.3.11　戴云山国家公园

戴云山国家公园位于东南沿海戴云山脉中段，空间范围涉及福建德化、大田、永泰等县（市），面积 992 平方千米。

戴云山国家公园属中亚热带浙闽沿海山地常绿阔叶林生态地理区，主要生态系统类型为沿海山地森林生态系统。生物多样性丰富，高等植物 2066 种，并有我国大陆东南沿海分布最南端、面积最大、保存最完好的原生性黄山松群落，重点保护植物有水松、南方红豆杉、银杏、粗齿桫椤等，脊椎动物 420 种，重点保护动物有云豹、黄腹角雉、蟒蛇、豹等，还是我国昆虫和植物模式标本产地之一，具有较高的保护价值。拥有众多地质遗迹，区内的石牛山是复活式破火山，代表了东南沿海白垩纪最后一期的火山喷发，其类型、规模、内容等方面在中国乃至全球均具有典型代表性，自然景观价值高。戴云山历史古迹众多，曾是诸多起义、革命的发源地，历史底蕴较为深厚。戴云山对福州、泉州乃至周边地区具有涵养水源、保持水土、净化空气、抵挡台风等重要的生态服务价值，是福建省重要的生态安全屏障。

区域内现有自然保护地有戴云山国家级自然保护区、大仙峰省级自然保护区、德化石牛山国家地质公园、德化石牛山国家森林公园等。

11.4　中部地区

11.4.1　南太行山国家公园

南太行山国家公园位于太行山脉南段，空间范围涉及河南林州、辉县、修武、焦作、博爱、沁阳、济源，山西平顺、壶关、陵川、晋城、阳城等县（市），面积 3705 平方千米。

南太行山国家公园属华北平原落叶阔叶林生态地理区，主要生态系统类型为暖温带落叶阔叶林生态系统，保存着较为完整的天然次生植被和原生植物群落。野生动植物资源丰富，植物以暖温带森林植被为主，有 1836 种，代表性植被有我国特有种领春木、山白树、红豆杉等；脊椎动物近 300 种，保护动物以猕猴为主，是当今世界猕猴分布的最北限，还有麝、大鲵、金钱豹、金猫、金雕等珍贵动物。区域内的云台山地貌类型复杂，地质遗迹丰富，形成群峡间列、峰谷交错、悬崖长墙、崖台梯叠的"云台地貌"景观，是新构造运动的典型遗迹。历史文化底蕴深厚，中原文化、宗教文化浓郁，是儒、释、道景观并存的宗教名山，并保留了众多历史古迹，如云台寺、清静宫、二仙庙等。

区域内现有自然保护地有太行山猕猴国家级自然保护区、莽河国家级自然保护区、历山国家级自然保护区、陵川南方红豆杉自然保护区、云台山国家地质公园、关山国家地质公园、陵川王莽岭国家地质公园、云台山国家森林公园、王屋山—云台山风景名胜区、神农山风景名胜区、青天河风景名胜区等。

11.4.2　伏牛山国家公园

伏牛山国家公园位于秦岭东段支脉，空间范围涉及河南西峡、栾川、嵩县、南召、内乡、镇平、淅川等县（市），面积 6088 平方千米。

伏牛山国家公园属北亚热带秦岭、大巴山混交林生态地理区，主要生态系统类型为过渡带综合性森林生态系统，属暖温带落叶阔叶林向北亚热带常绿落叶混交林的过渡区，是北亚热带和暖温带地区天然阔叶林保存最为完整的地区。汇集了丰富的动植物资源，高等植物 3772 种，其中重点保护植物有银杏、杜仲、香果树、榉树、野大豆、秦岭冷杉等；脊椎动物 485 种，重点保护动物有金钱豹、林麝、金猫、豺、大鲵、红腹锦鸡等。伏牛山地质遗迹极为丰富、类型多样，主要保护对象有恐龙化石、含蛋化石的典型地层剖面、秦岭造山带重要的断裂缝合带构造遗迹、火山熔岩岩枕群及气孔状流纹状岩石构造遗迹、岩溶洞穴、梯式瀑布群等，具有典型性、代表性、稀有性、国际性。伏牛山地处中原文化区，具有中原宗教文化、三国文化、酒文化、红色文化等，人文资源较为丰富，景观价值较高。

区域内现有自然保护地有伏牛山国家级自然保护区、宝天曼国家级自然保护区、南阳恐龙化石群国家级自然保护区、熊耳山省级自然保护区、西峡大鲵省级自然保护区、西峡伏牛山国家地质公园、宝天曼国家地质公园、汝阳恐龙国家地质公园、尧山国家地质公园、石人山风景名胜区、白云山国家森林公园、龙峪湾国家森林公园、寺山国家森林公园等。

11.4.3　神农架国家公园

神农架国家公园位于大巴山脉东南部，空间范围涉及湖北神农架林区、竹山、竹溪以及重庆巫山等县（市），面积 3508 平方千米。

神农架国家公园属北亚热带秦岭、大巴山混交林生态地理区，主要生态系统类型为北亚热带落叶常绿阔叶林混交林构成的森林生态系统，代表了中纬度地区最具典型意义的、保存完好的生态系统；神农架生物多样性丰富，1990 年加入联合国教科文组织"人与生物圈计划"世界生物圈保护区网，高等植物 3205 种，脊椎动物 400 多种，其中重点保护动物有金丝猴、金钱豹、白鹳、金雕等。地质地貌景观多样，主要地貌类型有岩石地貌、冰川地貌、流水地貌、构造地貌。神农架历史悠久，一直流传着中华民族先祖神农氏尝百草采药、开拓中华农业文明的传说，有 1000 多年历史的川鄂古盐道、古代屯兵的遗迹等，人与自然共同构成中国内地的高山原始文化。

区域内现有自然保护地有神农架国家级自然保护区、堵河源国家级自然保护区、阴条岭国家级自然保护区、五里坡国家级自然保护区、十八里长峡省级自然保护区、江南省级自然保护区、神农架国家地质公园、神农架国家森林公园等。

11.4.4　长江三峡国家公园

长江三峡国家公园位于长江中游，是瞿塘峡、巫峡和西陵峡三段峡谷的总称，空间范围涉及湖北秭归、宜昌、兴山等县（市），面积 817 平方千米。

长江三峡国家公园属北亚热带长江中下游平原湿地混交林生态地理区，拥有完整丰富的地质遗迹，包括中国南方距今 32 亿年前形成的最古老的变质岩基底，自晚太古宇以来地壳和古地理演化历史的完整的地层剖面和所发育的各门类化石，以及重大构造地质事件和海平面升降事件所留下的记录。景观类型多样，主要有峡谷、溶洞、河湖等，具有较高的景观价值。长江三峡历史文化底蕴深厚，是人类文明的发祥地之一，拥有 200 万年前的"巫山人"以及"大溪文化"、"巴楚文化"和"三国遗址"等古文化遗存，并留有大量千古传诵的诗篇。长江三峡是世界上少有的集峡谷、溶洞、山水和人文景观为一体的公园。

区域内现有自然保护地包括长江三峡国家地质公园、大老岭国家森林公园等。

11.4.5　鄂西大峡谷国家公园

鄂西大峡谷国家公园位于我国长江中游，大巴山脉与武陵山脉之间，空间范围涉及湖北利川、恩施、咸丰等县（市），面积 1713 平方千米。

鄂西大峡谷国家公园属湘西及黔鄂山地常绿阔叶林生态地理区北部，主要生态系统类型为中亚热带常绿阔叶林生态系统。动植物资源丰富，高等植物 2016 种，重点保护植物有水杉、珙桐、光叶珙桐、红豆杉、南方红豆杉等，是世界上唯一现存的水杉原生群落集中分布区，具有极高的典型性；脊椎动物 379 种，保护动物有金钱豹、云豹、金雕、林麝等，为中国重要的物种基因库之一。自然景观价值较高，区域内的腾龙洞属中国目前最大的溶洞，世界特级洞穴之一，以雄、险、奇、幽、绝的独特魅力驰名中外，并被《中国国家地理》评为"中国六大最美洞穴"之一。星斗山为土家族、苗族、侗族、彝族等少数民族聚居区，民族风情浓郁；历史悠久，保存有牌坊、摩崖石刻、书院等大量古遗址和名胜古迹，历史文化价值较高。

区域内现有自然保护地有星斗山国家级自然保护区、坪坝营国家森林公园、恩施腾龙洞大峡谷国家地质公园等。

11.4.6　张家界国家公园

张家界国家公园位于武陵源山脉中段，空间范围涉及湖南桑植、慈利、张家界等县（市），面积 7084 平方千米。

张家界国家公园属湘西及黔鄂山地常绿阔叶林生态地理区，主要生态系统类型为中亚热带常绿阔叶林构成的森林生态系统。张家界森林植物和野生动物资源极为丰富，被誉为"自然博物馆和天然植物园"，植物生态群落完整，高等植物 2008 种，区域内古老珍稀树种较多，具有重要的科研、观赏、经济价值，并保留了长江流域古代植物群落的原始风貌；珍稀动物分布集中，有 146 种，主要有云豹、金钱豹、大鲵、大灵猫、猕猴等。张家界自然景观独特，以中外罕见的石英砂岩峰林地貌为主，"湘西型"岩溶地貌为辅，兼有大量的地质历史遗迹，数以千计的石峰构成世上独一无二的峰林景观。张家界是土家族聚居区，民居建筑、非物质文化遗产、民族文化异彩纷呈。

区域内现有自然保护地包括张家界大鲵国家级自然保护区、索溪峪省级自然保护区、八大公山国家级自然保护区、张家界砂岩峰林国家地质公园、武陵源风景名胜区等。

11.4.7　南山—舜皇山国家公园

南山—舜皇山国家公园位于越城岭腹地，空间范围涉及湖南遂宁、步城、新宁、东安等县（市），面积 2702 平方千米。

南山—舜皇山国家公园属中亚热带长江南岸丘陵盆地常绿阔叶林生态地理区，主要生态系统类型为原生性中亚热带常绿阔叶林构成的森林生态系统，生物多样性十分丰富，高等植物 2225 种，包括具有全球性保护价值的银杉、资源冷杉；脊椎动物 222 种，包括珍稀动物云豹、林麝、白颈长尾雉和黄腹角雉等，拥有"南岭明珠""南方树木王国""生物基因库"的美称。其中，崀山地貌类型多样，属丹霞喀斯特混合地貌，有褶皱、断裂和节理发育等构造地貌，溶洞、地下河、石芽、溶峰等岩溶地貌，是红色砂砾岩发育到极致的景观，在世界上极为罕见，也是中国丹霞地貌景观中丰度和品位最具代表性的地区之一。少数民族众多，有瑶族、苗族、侗族、壮族、土家族等，民族风情浓郁，舜皇山是历史名山，舜文化的发祥地之一，拥有众多历史传说、典故等，文化底蕴十分深厚。

区域内现有保护地包括舜皇山国家级自然保护区、金童山国家级自然保护区、银竹老山省级自然保护区、南山风景名胜区、崀山风景名胜区、崀山国家地质公园、舜皇山国家森林公园、八角寨国家森林公园、两江峡谷国家森林公园等。

11.4.8　壶瓶山国家公园

壶瓶山国家公园位于武陵山东段余脉，是湘鄂两省分界山，空间范围涉及湖南石门、湖北五峰等县（市），面积 1743 平方千米。

壶瓶山国家公园属湘西及黔鄂山地常绿阔叶林生态地理区，主要生态系统类型为亚热带常绿阔叶林生态系统，植被具有亚热带向暖温带过渡的特征。物种多样性丰富，并保存有大量的古老珍稀濒危物种，是欧亚大陆同纬度带中物种谱系最完整的区域，高等植物 2057 种，有珙桐、光叶珙桐、银杏、钟萼木、红豆杉、南方红豆杉等；脊椎动物 172 种，有金雕、林麝、云豹、豹等。自然景观价值较高，以山地景观和生物景观为代表，还有完整的岩溶体系、典型的构造遗迹、地质剖面和古生物化石等地质遗迹。地处湘鄂少数民族聚居区，有土家族、苗族、侗族等少数民族，民族建筑、民风习俗、传统文化等保存完好，拥有较高的历史文化价值。

区域内现有自然保护地有壶瓶山国家级自然保护区、五峰后河国家级自然保护区、五峰国家地质公园、柴埠溪国家森林公园等。

11.4.9　井冈山国家公园

井冈山国家公园位于罗霄山脉中南部，空间范围涉及江西井冈山、宁冈以及湖南炎陵等县（市），面积1024平方千米。

井冈山国家公园属中亚热带长江南岸丘陵盆地常绿阔叶林生态地理区，主要生态系统类型为中亚热带湿润常绿阔叶林生态系统，是世界上同纬度保存最完整的中亚热带天然常绿阔叶林。植被类型多样，重点保护植物39种，是我国目前银杉、资源冷杉、福建柏等亚热带中山针叶林群落分布最集中、保存最完整的地区，其中大院冷杉被誉为"植物界的熊猫"；重点保护动物34种，主要有云豹、金钱豹、黄腹角雉、大鲵、猕猴以及特有鸟类灰胸竹鸡、黄腹山雀、绿鹦嘴鹎等。以森林景观及其他生物景观为代表的自然景观价值较高。井冈山是中国革命的摇篮，拥有众多保存完好的井冈山斗争革命旧址遗迹，历史文化价值极高。其生态区位十分重要，对赣江流域特别是鄱阳湖及其至长江中下游的生态平衡和水土保持起到了积极作用。

区域内现有自然保护地有井冈山国家级自然保护区、炎陵桃源洞国家级自然保护区、大坝里自然保护区、井冈山风景名胜区、神农谷国家森林公园等。

11.4.10　鄱阳湖国家公园

鄱阳湖国家公园位于长江中下游南岸，空间范围涉及江西新建、余干、都昌、永修、星子等县（市），面积2414平方千米。

鄱阳湖国家公园属中亚热带长江南岸丘陵盆地常绿阔叶林生态地理区，生态系统类型为湿地生态系统，生态系统结构完整，是中国第一大淡水湖。鄱阳湖是湿地生物多样性最丰富的地区之一，高等植物543种，脊椎动物570多种，是世界重要的候鸟越冬栖息地，最大的鸿雁种群越冬地，也是中国最大的小天鹅种群越冬地，同时是大量珍稀候鸟的重要迁徙通道和停歇地；鄱阳湖还是长江江豚重要栖息地和种质资源库。鄱阳湖独特的湿地景观、壮观的栖息鸟群，被世人誉为"珍禽王国""候鸟乐园"。鄱阳湖是长江干流重要的调蓄性湖泊，在长江流域中发挥着巨大的调蓄洪水功能，对维系区域和国家生态安全具有重要作用。鄱阳湖历史文化价值极高，"鄱阳湖文化"包括鱼耕、商贾、戏曲等，自秦朝兴起一直流传至今。

园内现有自然保护地包括鄱阳湖南矶湿地国家级自然保护区、鄱阳湖候鸟国家级自然保护区、鄱阳湖鲤鲫鱼产卵场省级自然保护区、鄱阳湖河蚌省级自然保护区、都昌候鸟省级自然保护区等。

11.5　华南地区

11.5.1　南岭国家公园

南岭国家公园位于南岭山脉中段，空间范围涉及广东阳山、乳源、曲江、英德、湖南宜章等县（市），面积 2775 平方千米。

南岭国家公园属中亚热带长江南岸丘陵盆地常绿阔叶林生态地理区，主要生态系统类型为中亚热带常绿阔叶林构成的森林生态系统，保存有完整的山地森林生态系统和原生植被垂直带，是我国东南部常绿阔叶林的典型代表，也是世界同纬度地区的宝贵自然遗产。生物多样性丰富，植物 2100 多种，主要保护植物有南岭紫茎、倒卵叶青冈、莽山杜鹃、伯乐树、桫椤等；动物 300 多种，主要保护动物有莽山烙铁头蛇、黄腹角雉、金钱豹、熊猴等。地处南亚热带和中亚热带的过渡地带，森林景观类型丰富并极具特色。南岭是我国主要的瑶族聚居区之一，还包括畲族和壮族等村落，保留着民族特色建筑和传统民俗文化，少数民族风情浓郁。南岭是我国珠江流域和长江流域、南亚热带和中亚热带、两广丘陵和江南丘陵等地理分界线，生态地理区位十分重要。

区域内现有保护地包括南岭国家级自然保护区、莽山国家级自然保护区、石门台国家级自然保护区、青溪洞省级自然保护区、乳源泉水自然保护区、乳源大峡谷自然保护区、乳源红豆杉自然保护区、罗坑鳄蜥省级自然保护区、阳山国家地质公园、南岭国家森林公园、莽山国家森林公园、天井山国家森林公园等。

11.5.2　丹霞山国家公园

丹霞山国家公园位于南岭山脉东部，空间范围涉及广东韶关、仁化、曲江等县（市），面积 2037 平方千米。

丹霞山国家公园属南亚热带岭南丘陵常绿阔叶林生态地理区，主要生态系统类型为中亚热带常绿阔叶林构成的森林生态系统，拥有南岭南缘保存较完整、面积较大、分布较集中、原生性较强、中国特有的原始季雨林。动植物资源丰富，植物 1900 多种，本地特有种中，丹霞梧桐、丹霞南烛、丹霞小花苣苔最具代表性；动物约 600 种，保护动物有黄腹角雉、穿山甲等。丹霞山是世界上发育最典型、类型最齐全、造型最丰富、风景最优美的丹霞地貌集中分布区，丹霞地貌发育具有典型性、代表性、多样性和不可替代性。丹霞山是岭南著名的宗教圣地，人文历史丰厚，拥有众多古代的寺庙、石窟、山寨遗址、古代悬棺岩墓、摩崖石刻及岩画等。

园内现有保护地包括丹霞山国家级自然保护区、沙溪省级自然保护区、北江特有珍稀鱼类省级自然保护区、丹霞山风景名胜区、丹霞山国家地质公园、韶关国家森林公园、小坑国家森林公园等。

11.5.3　漓江山水国家公园

漓江山水国家公园位于云贵高原东南端越城岭山脉南麓，空间范围涉及广西龙胜、兴安、灵川、临桂、桂林、阳朔、恭城等县（市），面积 2632 平方千米。

漓江山水国家公园属黔桂喀斯特常绿阔叶林生态地理区，主要生态系统类型为亚热带常绿阔叶林生态系统，是世界上保存最完好的典型原生性亚热带山地常绿落叶阔叶混交林植被地带之一，高等植物 1708 种，重点保护植物有银杉、南方红豆杉和伯乐树；脊椎动物 304 种，保护动物有金雕、林麝、豹和白颈长尾雉等。漓江山水是中国山水的代表，典型的喀斯特地貌构成了独特的自然景观，是世界自然遗产"中国南方喀斯特"的重要组成部分，享有"桂林山水甲天下"的美誉，具有极高的景观价值。桂林历史文化底蕴深厚，拥有史前人类文化、古代军事水利文化、山水诗文文化、抗战文化等，还有龙脊梯田等人文景观，历史文化价值极高。

区域内现有自然保护地有猫儿山国家级自然保护区、青狮潭省级自然保护区、建新鸟类省级自然保护区、漓江风景名胜区、桂林国家森林公园、阳朔国家森林公园、龙胜温泉国家森林公园等。

11.5.4　十万大山国家公园

十万大山国家公园位于十万大山南端，临近南海北部湾，空间范围涉及广西上思、防城港、东兴等县（市），面积 2919 平方千米。

十万大山国家公园属南亚热带岭南丘陵常绿阔叶林生态地理区，主要生态系统类型为亚热带常绿阔叶林生态系统、热带雨林生态系统，是广西南部沿海地区主要的水源涵养林，区域内的金茶花群落生态系统保存完整，为世界罕见。动植物资源较为丰富，高等植物 2272 种，其中重点保护植物有狭叶坡垒、十万大山苏铁、金毛狗脊、粗齿桫椤等；脊椎动物约 430 种，其中重点保护动物有云豹、金钱豹、林麝、巨蜥、蟒等。十万大山自然景观资源丰富，有山地、瀑布、森林、云雾景观等，具有较高的美学价值。十万大山为壮族等少数民族聚居区，少数民族文化丰富。

区域内现有自然保护地有十万大山国家级自然保护区、防城金花茶国家级自然保护区、北仑河口国家级自然保护区、十万大山国家森林公园等。

11.5.5　五指山国家公园

五指山国家公园位于海南中部山区，空间范围涉及海南琼中、保亭、陵水、万宁、琼海等县（市），面积 1628 平方千米。

五指山国家公园属琼雷热带雨林、季风林生态地理区，主要生态系统类型为热带雨林构成的森林生态系统，是中国热带地区面积最大的热带原始森林之一，也是全球保存最完好的三块热带雨林之一，具有森林组成种类复杂、群落结构发育良好、层间植物丰富的特征。五指山是海南岛生物多样性最为丰富的地区，高等植物 2858 种，脊椎动物约 470 种，几乎集中了海南所有的动植物种类，表现为珍稀物种多、海南特有种或特有亚种多的明显特点，如特有植物包括石碌含笑、皱皮油丹、蝴蝶树、海南梧桐等。五指山是海南主要河流昌化江、万泉河的发源地，自然景观类型丰富多样，生态区位十分重要。五指山是海南岛的象征，也是海南少数民族集聚区，曾是中国红军在海南的根据地，历史文化价值较高。

区域内现有自然保护地包括五指山国家级自然保护区、吊罗山国家级自然保护区、尖岭省级自然保护区、会山省级自然保护区、上溪省级自然保护区、吊罗山国家森林公园、兴隆华侨国家森林公园、七仙岭温泉国家森林公园等。

11.6　西南地区

11.6.1　岷山大熊猫国家公园

岷山大熊猫国家公园位于岷山山脉南段，空间范围涉及四川九寨沟、平武、松潘、北川、茂县、安县、绵竹、汶川、小金等县（市），面积 18978 平方千米。

岷山大熊猫国家公园属青藏高原东部森林、高寒草甸生态地理区，主要生态系统类型为中亚热带常绿阔叶林构成的森林生态系统，自然生境面积比例高，生物多样性丰富，物种珍稀性突出，高等植物 4525 种，主要保护植物有银杏、红豆杉、独叶草等；脊椎动物 713 种，保护动物有大熊猫、金丝猴、白唇鹿、扭角羚等，是岷山山脉大熊猫 A 种群的核心地带，具有极高的保护价值。岷山九寨沟自然景观丰富，有地质遗迹钙化湖泊、滩流、瀑布景观、岩溶水系统等多种类型，并以高山湖泊群、瀑布、彩林、雪峰、蓝冰和藏族风情著称，被誉为"童话世界""水景之王"。岷山是藏、羌等少数民族的聚居区，拥有众多民族特色人文景观和非物质文化遗产，展现出少数民族浓郁而神秘的特色。

区域内现有自然保护地包括九寨沟国家级自然保护区、勿角省级自然保护区、贡杠岭省级自然保护区、王朗国家级自然保护区、黄龙寺省级自然保护区、白羊省级自然保护区、小寨子沟省级自然保护区、宝顶沟省级自然保护区、九顶山省级自然保护区、九寨沟国家地质公园、黄龙国家地质公园、龙门山国家地质公园、绵竹清平—汉旺国家地质公园、安县国家地质公园、黄龙寺—九寨沟风景名胜区、九寨沟国家森林公园、千佛山国家森林公园、云湖国家森林公园、卧龙国家级自然保护区、小金四姑娘山国家级自然保护区、蜂桶寨国家级自然保护区、龙溪—虹口国家级自然保护区、白水河国家级自然保护区、草坡省级自然保护区、米亚罗省级自然保护区、黑水河省级自然保护区、鞍子河省级自然保护区、四姑娘山风景名胜区、青城山—都江堰风景名胜区、四姑娘山国家地质公园、西岭国家森林公园、都江堰国家森林公园、白水河国家森林公园等。

11.6.2　若尔盖国家公园

若尔盖国家公园位于青藏高原东北边缘，空间范围涉及四川若尔盖、红原、甘肃玛曲等（市），面积 15333 平方千米。

若尔盖国家公园属青藏高原东部森林、高寒草甸生态地理区，是中国第一大高原沼泽湿地，也是世界上面积最大、保存最完好的高原泥炭沼泽，具有国家乃至世界代表性。主要生态系统类型为青藏高原高寒湿地生态系统。动植物资源丰富，主要植被类型是由蒿草属诸种形成的草甸或沼泽草甸，高等植物 196 种；重点保护野生动物有黑颈鹤、白鹳等，是众多珍稀水禽的栖息地。若尔盖以高原浅丘沼泽地貌为主，形成大面积的沼泽地和众多的牛轭湖，景观独特，具有较高的美学价值。若尔盖位于具有浓厚藏族文化的少数民族地区，是西藏文化三大区域之一——安多文化区的重要组成部分，另外，若尔盖是中华民族重要族源"古羌人"繁衍发祥的重要场所，历史文化价值极高。

区域内现有自然保护地有若尔盖湿地国家级自然保护区、喀哈尔乔湿地自然保护区、包座自然保护区、黄河首曲湿地候鸟省级自然保护区、玛曲青藏高原土著鱼类省级自然保护区、日干桥自然保护区等。

11.6.3 贡嘎山国家公园

贡嘎山国家公园位于青藏高原东部边缘，横断山区的大雪山中段，大渡河与雅砻江之间，空间范围涉及四川泸定、康定、九龙等县（市），面积 6345 平方千米。

贡嘎山国家公园属中亚热带四川盆地常绿阔叶林生态地理区，被誉为"蜀山之王"，主要生态系统类型为亚热带森林生态系统，是世界上非常重要的物种基因库植被完整，生态环境原始，植物区系复杂，高等植物 3795 种，其中重点保护植物有连香树、星叶草、独叶草、水青树；野生动物 400 多种，珍稀野生动物众多，包括大熊猫、川金丝猴、白唇鹿、黑颈鹤、雪豹、豹、牛羚、绿尾虹雉等。自然景观价值较高，保存有古冰川遗迹、现代冰川、原始森林、温泉、湖泊、雪峰等。贡嘎山是藏族聚居区，也是藏族人民心中的圣山，保留有众多宗教景观以及藏族特色传统文化，也是登山爱好者所向往的山峰。

区域内现有自然保护地有贡嘎山国家级自然保护区、瓦灰山省级自然保护区、湾坝省级自然保护区、红坝省级自然保护区、贡嘎山风景名胜区、海螺沟国家森林公园、海螺沟国家地质公园等。

11.6.4 亚丁—泸沽湖国家公园

亚丁--泸沽湖国家公园位于青藏高原东部横断山脉中段，空间范围涉及四川稻城、理塘、木里、盐源以及云南宁蒗等县（市），面积 11378 平方千米。

亚丁—泸沽湖国家公园属青藏高原东部森林、高寒草甸生态地理区，主要生态系统类型为高山草甸、高原湿地生态系统，植物类型多样，从河谷亚热带到高山寒带，有干河谷灌丛、亚高山针叶林、高山灌丛草甸、高山流石滩稀疏植被等，高等植物 1522 种；脊椎动物 324 种，是黑颈鹤等候鸟越冬栖息地，还有赤麻鸭、斑头雁、绿头鸭、黑鹳等；鱼类种类较丰富，有四川裂腹鱼、短须裂腹鱼、厚唇裸重唇鱼、松潘裸鱼秋等。景观丰富且罕见，保存了以冰峰雪岭、冰川宽谷、原始森林和高原草甸为主的自然景观，并形成了特有的高原峡谷地貌和冰川遗迹。亚丁—泸沽湖藏族民风淳朴，环境基本未受人类活动的干扰和破坏，原始风貌保存较完整，被誉为"最后的香格里拉"，享誉国内外。

区域内现有自然保护地包括亚丁国家级自然保护区、海子山国家级自然保护区、格木自然保护区、恰郎多吉自然保护区、所冲自然保护区、马乌自然保护区、滚巴自然保护区、盐源泸沽湖保护区、宁蒗泸沽湖保护区等。

11.6.5　峨眉山国家公园

峨眉山国家公园位于四川盆地西南边缘,邛崃山南段余脉,空间范围涉及四川荥经、洪雅、峨眉山等县(市),面积 1674 平方千米。

峨眉山国家公园属中亚热带四川盆地常绿阔叶林生态地理区,主要生态系统类型为亚热带常绿阔叶林生态系统,保存有完整的亚热带植被体系,生物种类丰富,是多种稀有动物的栖居地,代表性植物有珙桐、桫椤、银杏、连香树,特有种峨眉拟单性木兰、峨眉山莓草、峨眉胡椒、峨眉柳等,保护动物有小熊猫、蜂鹰、凤头鹰、松雀鹰。峨眉山是文化与自然双遗产,景观类型多样,并具有较高价值,素有"峨眉天下秀"之称,地貌复杂,有构造地貌、流水地貌、岩溶地貌、冰川地貌等类型,并有峨眉佛光、云雾等天象景观;佛教文化源远流长,是我国"四大佛教名山"之一,保留了众多寺庙、古迹以及造像、法器、礼仪、音乐、绘画等人文古迹,另外,武术文化也是峨眉山历史文化的重要组成部分,历史文化价值极高。

区域内现有自然保护地有峨眉山风景名胜区、瓦屋山省级自然保护区、大相岭自然保护区、羊子岭自然保护区、龙苍沟国家森林公园、瓦屋山国家森林公园。

11.6.6　金佛山国家公园

金佛山国家公园位于大娄山脉北部,四川盆地东南缘与云贵高原的过渡地带,空间范围涉及重庆万盛区、南川、武隆以及贵州道真等县(市),面积 1221 平方千米。

金佛山国家公园属黔桂喀斯特常绿阔叶林生态地理区,代表性生态系统为亚热带针叶林生态系统,生物多样性突出,是中国珍贵的生物物种基因库和天然植物园,高等植物 5145 种,珍稀植物有银杉、银杏、珙桐、红豆杉、观音座莲、阔柄杜鹃、麻叶杜鹃等;脊椎动物约 400 种,珍稀动物有白颊黑叶猴、黔金丝猴、云豹、金钱豹、大灵猫、绿尾虹雉等。金佛山属典型的喀斯特地质地貌,形成年代久远,规模庞大,较为完整,是中国南方喀斯特的重要组成部分,具有极高的景观价值。金佛山拥有丰富的历史文化资源,佛教文化悠久,有抗蒙遗址龙岩城。金佛山洞穴系统中的沉积物含有丰富的硫酸盐和硝酸,使洞穴群成为世界上最大的地下采硝工场之一,熬硝历史深远。

区域现有自然保护地有金佛山国家级自然保护区、黑山自然保护区、大沙河自然保护区、金佛山风景名胜区、万盛国家地质公园、金佛山国家森林公园、黑山国家森林公园等。

11.6.7　梵净山国家公园

梵净山国家公园位于武陵山脉主峰的梵净山，空间范围涉及贵州江口、印江、松桃等县（市），面积451平方千米。

梵净山国家公园属黔桂喀斯特常绿阔叶林生态地理区，主要生态系统类型为亚热带常绿阔叶林构成的森林生态系统，是武陵山脉森林生态系统保存较好的少数地区之一，东亚植物区系华中植物区的典型区域之一，保存了世界上少有的亚热带原生生态系统。生物多样性十分丰富，特有种之多、区域性之广、区系之复杂为全国罕见，高等植物819种，珍稀植物有珙桐等；脊椎动物242种，珍稀动物有黔金丝猴、白颈长尾雉、豹、大鲵等，梵净山是其中最珍贵、最具科学价值的黔金丝猴的唯一分布区。梵净山的景观独特，拥有森林景观、山地景观、动物景观，以及云瀑、禅雾、幻影、佛光四大天象景观。梵净山是弥勒菩萨道场，著名的佛教名山，人文古迹众多，宗教文化深厚，在佛教史上具有重要的地位，同时，居住着土家族、苗族、侗族等少数民族，民族风情浓郁，历史文化价值极高。

区域内现有自然保护地有梵净山国家级自然保护区等。

11.6.8　乌蒙山国家公园

乌蒙山国家公园位于云贵高原中部顶端的乌蒙山麓腹地，空间范围涉及贵州威宁、水城、钟山区等县（市），面积2183平方千米。

乌蒙山国家公园属黔桂喀斯特常绿阔叶林生态地理区，主要生态系统类型为亚热带湿性常绿阔叶林生态系统和高原湿地生态系统，具有完整性和典型性。生物多样性丰富，高等植物38种，代表性植物有珙桐、南方红豆杉、连香树等；脊椎动物14种，有金钱豹、云豹、林麝，以及黑颈鹤、白肩雕、白尾海雕等珍稀濒危水禽。乌蒙山景观类型丰富多样，地文景观有喀斯特地貌、山原地貌、构造地貌、古生物化石与古人类遗址等；水文景观有我国著名三大高原湖泊之一、贵州最大的高原天然淡水湖——向海。聚居着苗族、布依族、彝族等少数民族，民族风情浓郁，民族文化丰富多彩，夜郎文化、红色文化、古城文化历史悠久。乌蒙山生态区位十分重要，对于维护乌蒙山区与金沙江—长江流域生态安全具有重要意义。

区域内现有自然保护地有咸宁草海国家级自然保护区、野钟黑叶猴自然保护区、六盘水乌蒙山国家地质公园、玉舍国家森林公园等。

11.6.9　北盘江峡谷国家公园

北盘江峡谷国家公园发源于云南与贵州交界的库拉河和可渡河，空间范围涉及贵州镇宁、安顺、普定等县（市），面积 1599 平方千米。

北盘江峡谷国家公园属黔桂喀斯特常绿阔叶林生态地理区，主要生态系统类型为亚热带常绿阔叶林生态系统，森林资源丰富，拥有光叶珙桐、西康玉兰、红豆杉等珍贵植物。北盘江峡谷以喀斯特及丹霞地貌大峡谷景观著称，包括峰林、溶洞、瀑布、溪流和原始森林等自然景观，并以黄果树瀑布为中心，分布有众多瀑布，被评为世界上最大的瀑布群，列入吉尼斯世界纪录。峡谷内人文资源丰富，且价值较高，包括远古壁画、古城遗址、铁索桥、摩崖石刻、古驿道等，也是贵州少数民族聚居区。

区域内现有自然保护地有黄果树风景名胜区、龙宫风景名胜区、九龙山国家森林公园等。

11.6.10　茂兰—木论国家公园

茂兰—木论国家公园位于云贵高原向广西丘陵过渡地带，空间范围涉及贵州荔波等县，面积 1255 平方千米。

茂兰—木论国家公园属黔桂喀斯特常绿阔叶林生态地理区，主要生态系统类型为亚热带喀斯特森林生态系统，是地球同纬度地区残存下来的面积最大、相对集中、原生性强、相对稳定的喀斯特森林生态系统，具有区域代表性。珍稀濒危野生动植物资源丰富，高等植物 1658 种，主要保护植物有红豆杉、南方红豆杉、单性木兰等，特有种有荔波大节竹、荔波鹅尔枥、荔波球兰、短叶穗花杉等；脊椎动物 268 种，野生动物有豹、蟒、白颈长尾雉、林麝等。茂兰—木论因独特的喀斯特地貌形态与森林组合形成漏斗森林，包括洼地森林、谷地森林（盆地森林）和槽谷森林等类型。茂兰—木论是全球喀斯特地貌中生态保存最完好且绝无仅有的绿色明珠，被誉为"地球腰带上的绿宝石"。茂兰—木论是多民族杂居，有着众多的文物古迹和浓郁的民族风情文化，构成了少数民族独特的人文景观。

区域内现有自然保护地包括茂兰国家级自然保护区、木论国家级自然保护区、兰顶山县级自然保护区、捞村河谷县级自然保护区、荔波漳江风景名胜区等。

11.6.11　高黎贡山国家公园

高黎贡山国家公园位于横断山脉西部，空间范围涉及云南贡山独龙族怒族自治县，面积 1363 平方千米。

高黎贡山国家公园属中亚热带云南高原常绿阔叶林生态地理区，生态系统类型为森林生态系统，是中国常绿阔叶林最完整、最原始的地区之一，并保存有典型的温性、寒温性针叶林森林，以及世界上纬度海拔最高的热带雨林。生物多样性十分丰富，是亚热带、温带、寒温带野生动植物种质基因库，种子植物 4300 多种，脊椎动物 580 多种，其中保护植物有喜马拉雅红豆杉、云南红豆杉、长蕊木兰、光叶珙桐等，保护动物有戴帽叶猴、白眉长臂猿、熊猴、羚牛等。高黎贡山自然资源丰富多样，有森林、河流、动植物、火山地热等，区域内有被誉为"东方大峡谷"的怒江大峡谷，自然景观价值高。高黎贡山居住着傣族、怒族、白族、苗族、纳西族、独龙族、彝族、阿昌族、景颇族等少数民族，拥有民族文学、体育、宗教、节庆等宝贵的文化遗产。另外，高黎贡山是历代兵家争夺的战略要地，保留了众多军事遗迹，历史文化价值极高。

区域内现有自然保护地有高黎贡山国家级自然保护区。

11.6.12　梅里雪山—普达措国家公园

梅里雪山—普达措国家公园位于横断山脉西北部，三江并流北部，青藏高原向云贵高原过渡接触地带，包括白马雪山、梅里雪山、普达措等区域，空间范围涉及云南德钦、中甸等县，面积 3278 平方千米。

梅里雪山—普达措国家公园属中亚热带云南高原常绿阔叶林生态地理区，主要生态系统类型为寒温性高山针叶林生态系统和高原沼泽草甸生态系统，是中国低纬度高海拔地区生物资源保存较为完整而原始的高山针叶林区。是云南生物多样性最丰富的地区之一，也是中国和世界温带地区生物多样性最丰富的地区之一，有"寒温带高山动植物王国"之称，高等植物近 1800 种，脊椎动物 350 余种，植物资源几乎包含了世界温带分布的所有木本属，如冷杉、云杉、桦、栎、杜鹃等，重点保护植物有星叶草、澜沧黄杉等；重点保护动物有滇金丝猴、黑颈鹤、雪豹、金钱豹、云豹、熊猴、小熊猫等，区域内的白马雪山是我国滇金丝猴的主要分布区域，纳帕海湿地、碧塔海湿地是黑颈鹤等候鸟越冬栖息地。以山地植被垂直带自然景观为主要保护对象，白马雪山高山杜鹃林被评为"中国最美十大森林"之一,自然景观价值较高。藏族文化和宗教文化浓郁,梅里雪山是雍仲苯教圣地,为藏传佛教四大神山之一,在藏民心中具有极高的地位,文化价值较高。

区域内现有自然保护地有白马雪山国家级自然保护区、纳帕海自然保护区、碧塔海自然保护区、碧罗雪山等。

11.6.13　玉龙雪山—老君山国家公园

玉龙雪山—老君山国家公园位于横断山系云岭山脉,空间范围涉及云南丽江纳西族自治县、剑川、中甸等县,面积2216平方千米。

玉龙雪山—老君山国家公园属中亚热带云南高原常绿阔叶林生态地理区,生态系统类型为山地混合森林生态系统,动植物资源丰富,高等植物近3000种,野生动物310多种,重点保护植物有云南松林、铁杉林、高山松林、丽江云杉林等,重点保护动物有滇金丝猴、金钱豹、云豹、绿尾虹雉等。玉龙雪山是北半球最近赤道终年积雪的山脉,是北半球最南的大雪山,地质遗迹丰富多样,有冰川遗迹、构造山地、断陷盆地、深切峡谷等,并完整保存了典型的第四纪冰川遗迹和欧亚大陆距赤道最近的现代冰川,具有极高的科学价值和观赏价值;老君山是我国迄今为止发现的面积最大、海拔最高的丹霞地貌区。玉龙雪山是纳西人的神山,拥有纳西民族文化、宗教文化、语言文字、戏曲艺术、神话传说等人文历史资源,是重要的文化遗产。

区域内现有自然保护地包括云南丽江玉龙雪山国家级风景名胜区、玉龙雪山国家地质公园、老君山地质公园等。

11.6.14　哀牢山国家公园

哀牢山国家公园位于横断山脉南端,是云贵高原、横断山脉和青藏高原三大地理区域的结合部,空间范围涉及云南南涧、弥渡、南华、景东等县(市),面积1850平方千米。

哀牢山国家公园属中亚热带云南高原常绿阔叶林生态地理区,主要生态系统类型为中亚热带中山湿性、半湿润常绿阔叶林构成的森林生态系统,生态系统完整而稳定。哀牢山为世界同纬度生物多样性、同类型植物群落保留最完整的地区,高等植物2363种,珍稀野生植物有长蕊木兰、钟萼木、红豆杉等;脊椎动物601种,野生动物有黑长臂猿、绿孔雀、灰叶猴、黑颈长尾雉、孟加拉虎等。哀牢山景观独特,湿性常绿阔叶林原真性较高,还有哈尼梯田、元阳梯田、茶马古道等文化景观,美学价值极高。哀牢山居住着哈尼族、彝族、苗族、壮族、瑶族等少数民族，并保持着原始的劳作和生活方式，北部的大理保存了古南诏国和大理国文化，历史文化价值极高。哀牢山是元江与墨江的分水岭，云贵高原气候的天然屏障，生态区位十分重要。

区域内现有自然保护地包括哀牢山国家级自然保护区、无量山国家级自然保护区、南涧凤凰山自然保护区、南涧土林自然保护区、灵宝山国家森林公园等。

11.6.15　亚洲象国家公园

亚洲象国家公园位于横断山脉南端，空间范围涉及云南勐海、景洪、勐腊、思茅、普洱等县（市），面积 6028 平方千米。

亚洲象国家公园属滇南热带季雨林生态地理区，主要生态系统类型为热带森林生态系统，是中国热带雨林保存最完整、最典型、面积最大的地区。生物资源极为丰富，野生珍稀动植物荟萃，高等植物 2434 种，特有和稀有植物包括望天树、红光树、云南肉豆蔻、四薮木、黄果木、胡桐等；脊椎动物 779 种，珍稀、濒危物种众多，如亚洲象、犀鸟、孔雀、黑冠长臂猿等，是我国亚洲象种群数量最多、分布较为集中的地区。亚洲象国家公园以中低山地景观为主，还有江河、溪流、森林、动物等景观，类型多样，价值较高。西双版纳是我国重要的少数民族聚居区，有傣族、哈尼族、布朗族等少数民族，是傣族文化和小乘佛教文化的代表区域，由此衍生出的文字、歌舞、传统民居等独具一格，别有风味。

区域内现有自然保护地包括西双版纳国家级自然保护区、版纳河流域国家级自然保护区、西双版纳风景名胜区、西双版纳国家森林公园、普洱松山自然保护区、糯扎渡自然保护区、菜阳河自然保护区等。

11.6.16　羌塘国家公园

羌塘国家公园位于昆仑山脉、唐古拉山脉和冈底斯山脉之间，空间范围涉及西藏改则、尼玛、班戈等县（市），面积 69675 平方千米。

羌塘国家公园属羌塘高原高寒草原生态地理区，主要生态系统类型为保存完整而独特的高寒生态系统，是青藏高原的核心和主体，最具高原生态特征的生态地理单元，是世界上海拔最高、气候条件最恶劣的高原，也是世界上湖泊数量最多、湖面最高的高原内陆湖区，极具国家代表性和世界代表性。植被类型比较简单，以高原高寒荒漠草原为主，高等植物约 440 种。羌塘是西藏生物多样性保护的最优先地区，以保护大型有蹄类动物为主，大多是青藏高原独有的濒危野生动物，脊椎动物约 150 种，有藏野驴、野牦牛、藏原羚、西藏棕熊、藏羚羊等。羌塘高原景观奇特、多样，有冰川、湖泊、草原、荒漠、雪山等，自然景观美学价值极高。羌塘居住着少数藏族牧民，保留了传统的生活方式和民族、宗教文化，拥有最原始的文明。

区域内现有自然保护地有西藏羌塘国家级自然保护区等。

11.6.17　札达土林国家公园

札达土林国家公园位于喜马拉雅山北麓，空间范围涉及西藏札达等县，面积 6957 平方千米。

札达土林国家公园属羌塘高原高寒草原生态地理区，以土林地貌为主要地质遗迹景观，是世界上分布面积最大、最典型的新近系地层风化形成的土林。札达土林地质遗迹类型多样，最具有代表性的是札达盆地第三系上新统至第四系下更新统札达群中的土林地貌，有宝瓶式土林、"秦甬"式土林、房顶式土林、残留式土林、峰丛与城堡分列式土林、双色台阶式土林、台阶与峰丛分列式土林、鼻状土林、古钟式土林、哥特式土林、尖峰状土林、塔式土林等众多微地貌形态，是目前世界上发现的最典型、保存最完整、形态最奇特、分布面积最大的第三系地层风化形成的土林地貌，也是研究土林地貌发育与演变的典型地区。札达土林历史文化价值高，是古格王国旧址，拥有大量古格王国历史遗址，也是藏族聚居区，古格文化、藏族文化、藏传佛教文化深厚。

区域内现有自然保护地有札达土林省级自然保护区、札达土林国家地质公园等。

11.6.18　珠穆朗玛峰国家公园

珠穆朗玛峰国家公园位于喜马拉雅山脉的主峰珠穆朗玛峰，我国西藏自治区与尼泊尔交界处，空间范围涉及西藏定结、定日、聂拉木、吉隆等县（市），面积 32893 平方千米。

珠穆朗玛峰国家公园属藏南山地灌丛草原生态地理区，主要生态系统类型为灌丛草原、草甸生态系统，并基本保持原貌。珠穆朗玛峰是世界生物地理区域中最为特殊的西藏和喜马拉雅高地的交界处，成为世界上最独特的生物地理区域，高等植物 2348 种，脊椎动物 277 种，珍稀濒危物种、新种及特有种较多，如熊猴、长尾叶猴、藏狐等。珠穆朗玛峰是世界最高峰，拥有独特的自然景观，包括河流、湖泊、冰川、冰缘、风沙等多种地貌类型及其复杂的现代地表形态，还有众多地史学遗迹，有吉隆县聂汝雄拉上新世的三趾马化石群、希夏邦玛峰的高山栎化石群等，具有重要的科学价值和美学价值。珠穆朗玛峰被视为西藏的"圣山"，中国高度的象征，历史文化底蕴深厚，极具国家代表性，也是世界登山者的向往之地。

区域内现有自然保护地有珠穆朗玛峰国家级自然保护区。

11.6.19　雅鲁藏布江大峡谷国家公园

雅鲁藏布江大峡谷国家公园位于青藏高原雅鲁藏布江下游，空间范围涉及西藏工布江达、林芝、波密、墨脱、米林、朗县等县（市），面积 30271 平方千米。

雅鲁藏布江大峡谷国家公园属喜马拉雅山东翼山地热带雨林、季雨林生态地理区，主要生态系统类型为山地热带、亚热带、温带森林生态系统，生态系统保存完整。生物类型多样，具有原始状况完整的天然植被，高等植物近 300 种，是"植物类型天然博物馆"；脊椎动物 162 种，特有、稀有物种丰富，重点保护动物有羚牛、长尾叶猴、熊猴、虎、墨脱缺翅虫等。雅鲁藏布江大峡谷是地球上最深的峡谷，高峰与拐弯峡谷的组合，在世界峡谷河流发育史上十分罕见，并有特殊的地质构造和古冰川遗迹，包括完整的古冰川"U"形谷，形成我国罕见的地貌反差。雅鲁藏布江是西藏文明诞生和发展的摇篮，也是汉藏文化交流的见证，文化价值高。

区域内现有自然保护地有雅鲁藏布江大峡谷国家级自然保护区、工布省级自然保护区、巴松湖国家森林公园、比日神山国家森林公园、色季拉国家森林公园、易贡国家地质公园等。

11.7　西北地区

11.7.1　秦岭国家公园

秦岭国家公园位于秦岭山脉中段，空间范围涉及陕西太白、留坝、洋县、佛坪、宁陕、周至、眉县等县（市），面积 7754 平方千米。

秦岭国家公园属北亚热带秦岭、大巴山混交林生态地理区，主要生态系统类型为北亚热带落叶常绿阔叶混交林生态系统，自然生境面积比例高，保持了原始、完整的森林生态体系，生物多样性十分丰富，高等植物 2372 种，脊椎动物 343 种，是国家重点保护动物大熊猫、金丝猴、扭角羚、羚牛、朱鹮、黑鹳等的主要栖息地，秦岭地貌类型多样，垂直地带性显著，低山区黄土覆盖，中山区石峰发育，高山区保留冰川遗迹，极具国家代表性。秦岭是我国南北地理分界线，生态区位十分重要，也是儒、道、佛文化的重要中心地，被尊为"华夏文明的龙脉"。

区域内现有自然保护地包括太白山国家级自然保护区、周至国家级自然保护区、天华山国家级自然保护区、佛坪国家级自然保护区、太白湑水河国家级自然保护区、牛尾河国家级自然保护区等。

11.7.2　桥山国家公园

桥山国家公园位于桥山山脉南部，世界上最大的黄土高原腹地，空间范围涉及陕西富县、洛川、黄龙等县（市），面积 4153 平方千米。

桥山国家公园属黄土高原森林草原生态地理区，生态系统类型为暖温带落叶阔叶林和天然次生林构成的森林生态系统，拥有黄土高原中部面积最大、保存最完整、最具代表性的次生林，是森林草原向草原植被的过渡地带，植被分为森林、灌丛、草地、森林湿地 4 种类型，高等植物 633 种。野生动植物资源丰富，是中国暖温带西北部的生物"基因库"，也是陕北生态安全的"桥头堡"，脊椎动物 188 种。区域内拥有黄土高原特有的地质地貌和典型的黄土景观遗迹，完整地记录了 250 万～260 万年以来古气候、古环境的发展变化历史，极具美学价值和科学价值。历史文化底蕴深厚，拥有中华民族始祖轩辕黄帝的陵寝——黄帝陵，是历代帝王和名人祭祀黄帝的场所，也是中华文明的精神标识。

区域内现有自然保护地包括子午岭国家级自然保护区、柴松省级自然保护区、桥山省级自然保护区、黄帝陵风景名胜区、洛川黄土国家地质公园、黄陵国家森林公园等。

11.7.3　祁连山国家公园

祁连山国家公园位于祁连山北坡中段、东段，空间范围涉及甘肃玉门、肃南、民乐、祁连、山丹、武威、天祝以及青海门源、大通、互助、天峻、德令哈等县（市），面积 42573 平方千米。

祁连山国家公园属祁连山针叶林、高寒草甸生态地理区，主要生态系统类型为温带高原针叶林、灌木林构成的森林生态系统，并伴随高山草甸生态系统、湿地生态系统等。因其丰富的生物多样性、独特而典型的生态系统和生物区系，成为我国生物多样性保护的优先区域，也是西北地区重要的生物种质资源库和野生动物迁徙的重要廊道，主要保护物种有青海云杉、祁连圆柏、蓑羽鹤、雪豹、白唇鹿等。祁连山景观类型多样，拥有森林、草原、荒漠、湿地、冰川等，自然景观价值高。在维护我国西部生态安全方面，祁连山具有不可替代的地位，是西北地区重要的生态安全屏障，生态区位极其重要。祁连山是黑河、疏勒河、石羊河三大内陆河的发源地，也是黄河、青海湖的重要水源补给区，具有突出的水源涵养作用。祁连山是河西走廊的重要通道，自古以来便是连通西北地区的要道，历史古迹众多，宗教民族文化深厚，也是我国"一带一路"建设的重要区域。

现有自然保护地包括甘肃祁连山国家级自然保护区、海北祁连山省级自然保护区、大通北川河源区国家级自然保护区、天祝三峡国家森林公园、吐鲁沟国家森林公园、青海北山国家森林公园、青海仙米国家森林公园、青海大通国家森林公园等。

11.7.4　库木塔格国家公园

库木塔格国家公园位于阿尔金山北麓，库木塔格沙漠东南沿，甘肃西部和新疆东南部交界处，空间范围涉及新疆哈密、若羌以及甘肃敦煌、阿克塞等县（市），面积 73394 平方千米。

库木塔格国家公园属塔里木盆地暖温带荒漠生态地理区，主要生态系统类型为荒漠生态系统，是极旱荒漠生态系统的典型区。植物类型为荒漠植被，以超旱生和旱生植物为主，高等植物近 400 种，保护植物有裸果木、胡杨、梭梭等；脊椎动物 267 种，保护动物有野骆驼（双峰驼）、金雕、黑鹳、波斑鸨等，是世界极度濒危物种——野骆驼的模式产地。库木塔格景观类型多样，自然景观包括被誉为"地球之耳"的罗布泊，孔雀河，雅丹、风棱石、风蚀坑等风蚀地貌，格状、新月形、蜂窝状等沙丘类型；人文遗址众多，有楼兰古城遗址、营盘汉代遗址、敦煌莫高窟等。库木塔格是丝绸之路的重要组成部分，是中国古代多民族文化及欧亚文化的交汇处，具有极高的历史文化价值。

区域内现有保护地包括罗布泊野骆驼国家级自然保护区、敦煌西湖国家级自然保护区、安南坝野骆驼国家级自然保护区、敦煌阳关国家级自然保护区、大苏干湖省级自然保护区等。

11.7.5　贺兰山国家公园

贺兰山国家公园位于贺兰山脉中段，空间范围涉及宁夏惠农、平罗、贺兰、银川、永宁以及内蒙古阿拉善左旗等县（市），面积 3405 平方千米。

贺兰山国家公园属鄂尔多斯高原荒漠草原生态地理区，主要生态系统类型为温带荒漠草原，是我国干旱荒漠草原和半干旱荒漠草原分界线的典型代表。贺兰山自然环境复杂多样，植被垂直分布明显，汇集了青藏、华北、蒙古三大植物区系，具有较高的科研价值，主要保护植物有沙冬青、蒙古扁桃、贺兰山丁香、黄芪等；野生动物 178 种，主要保护动物有马鹿、麝、金钱豹、黑鹳等，生物多样性丰富。景观类型多样，有贺兰山森林景观、荒漠草原景观、灵武恐龙化石遗址等，文化景观有西夏王陵、贺兰山岩画、明长城遗址等。贺兰山在古代是匈奴、鲜卑、突厥、党项等北方少数民族驻牧游猎的地方，在现代是蒙古族、回族、满族等少数民族聚居区，拥有浓郁的民族风情和厚重的历史文化。

区域内现有自然保护地包括宁夏贺兰山国家级自然保护区、内蒙古贺兰山国家级自然保护区、内蒙古贺兰山国家森林公园、宁夏苏峪口国家森林公园等。

11.7.6　六盘山国家公园

六盘山国家公园位于黄土高原六盘山脉中南部，空间范围涉及宁夏固原、泾源以及甘肃平凉、华亭、庄浪等县（市），面积 1880 平方千米。

六盘山国家公园属黄土高原森林草原生态地理区，主要生态系统类型为暖温带针叶、落叶阔叶混交林生态系统以及暖温带森林草原生态系统。野生动植物资源较为丰富，高等植物约 750 种，保护植物有黄芪、野大豆、紫斑牡丹、胡桃楸等；脊椎动物 202 种，保护动物有金钱豹、林麝、红腹锦鸡、勺鸡、金雕等。六盘山是中国最年轻的山脉之一，以火石寨丹霞为代表的自然景观价值较高，是我国北方面积最大的丹霞地貌分布区，也是我国海拔最高的丹霞地貌群。历史文化底蕴深厚，有佛教文化、红色文化、回族文化等，是毛主席率领红军长征时翻越的最后一座大山，也是我国回族聚居区。六盘山生态区位重要，对宁夏南部山区水源涵养、防风固沙、环境改善具有十分重要的意义。

区域内现有自然保护地包括六盘山国家级自然保护区、太统—崆峒山国家级自然保护区、崆峒山风景名胜区、崆峒山国家地质公园、六盘山国家森林公园、云崖寺国家森林公园等。

11.7.7　三江源国家公园

三江源国家公园位于青藏高原腹地，空间范围涉及青海治多、杂多、玛多、曲麻莱等县，面积 123775 平方千米。

三江源国家公园属青海江河源区高寒草原生态地理区，生态系统类型以高原湿地生态系统为主，还有高寒草原草甸生态系统、灌丛生态系统等，是该地区生态类型最集中、生态功能最重要、生态体系最完整的区域，在我国西部生态与环境保护体系中具有重要的战略地位。其中，高等植物约 2300 种；脊椎动物近 400 种，重点保护动物有藏羚、野牦牛、藏野驴、雪豹、黑颈鹤、天鹅、斑头雁、白鹳、草鹭等，有着"高寒生物种质资源库"之称。三江源是长江、黄河、澜沧江三大江河的发源地，被誉为"中华水塔"，区域内分布发育着大面积的冰蚀地貌、雪山冰川、辫状水系，草原湿地、林丛峡谷等自然景观。三江源生态系统服务功能、生物多样性、自然景观具有全国乃至全球意义的保护价值。该区是藏族人民聚集区，还有回族、蒙古族、土族等，少数民族风情浓郁，并拥有多项非物质文化遗产，历史文化价值高。

区域内现有自然保护地包括三江源国家级自然保护区（部分）、可可西里国家级自然保护区等。

11.7.8　昆仑山国家公园

昆仑山国家公园位于昆仑山脉东段，新疆和青海交界地带，空间范围涉及新疆且末、若羌等县（市），面积 76756 平方千米。

昆仑山国家公园属柴达木盆地及昆仑山北坡荒漠生态地理区，主要生态系统类型为高寒草原草甸生态系统，主要植被类型是高寒草原和高寒草甸。生物多样性十分丰富，重点保护动物有藏羚羊、白唇鹿、野牦牛、西藏野驴等。昆仑山地质遗迹资源十分丰富，拥有世界上最长、最新的断裂带，也是我国大陆有史以来最长的一条地震变形带，保存完好，具有较高的美学价值和科学研究价值。昆仑山是中华第一神山，古人称昆仑山为中华"龙脉之祖"，中国道教文化里，昆仑山被誉为"万山之祖"，是"万神之乡"，也是明末道教混元派道场所在地，拥有众多神话传说及少数民族传统习俗，历史文化价值极高。

区域内现有自然保护地有昆仑山世界地质公园、阿尔金山国家级自然保护区、中昆仑省级自然保护区等。

11.7.9　天山博格达国家公园

天山博格达国家公园位于天山山脉中东段，最高峰博格达峰北坡山腰，空间范围涉及新疆乌鲁木齐、米泉、阜康、吉木萨尔、奇台、鄯善、吐鲁番等县（市），面积 20040 平方千米。

天山博格达国家公园属天山山地草原、针叶林生态地理区，主要生态系统类型为温带针叶林构成的森林生态系统，面积较大，保存完整。天山博格达国家公园以天池和博格达峰为保护对象，野生动植物资源复杂而独特，高等植物近 200 种，主要保护植物有雪莲、胡杨、梭梭等；脊椎动物 184 种，主要保护动物有雪豹、棕熊、石貂、马鹿、盘羊等。区域内地质资源丰富，拥有冰川遗迹、现代冰川、烧变岩、古生物化石、古火山弧、峡谷与瀑布等为主体的地质遗迹，具有极大的科学研究、公众科普教育价值。天山博格达人文景观丰富多彩，拥有众多珍贵文献文物和神话传说，民族风情浓郁多彩，具有较高的历史文化价值。处于塔里木盆地和准噶尔盆地的天然分界线，生态区位十分重要。

区域内现有保护地包括博格达峰国家级自然保护区、天山天池省级自然保护区、天山天池风景名胜区、天山天池国家地质公园、吐鲁番火焰山国家地质公园、库木塔格沙漠风景名胜区、天山天池国家森林公园、江布拉克国家森林公园等。

11.7.10　喀纳斯国家公园

喀纳斯国家公园位于阿尔泰山中段，中国与哈萨克斯坦、俄罗斯、蒙古国接壤地带，空间范围涉及新疆布尔津、哈巴河等县（市），面积 12207 平方千米。

喀纳斯国家公园属阿尔泰山山地草原、针叶林生态地理区，主要生态系统类型为寒温带针阔混交林构成的森林生态系统，生态系统保存完整，是我国唯一的西伯利亚生物区系代表。区域内动植物资源丰富，是西伯利亚泰加林在中国的唯一延伸带，是中国唯一的古北界欧洲——西伯利亚动植物分布区，也是中国唯一的大陆性苔原地带，重点保护物种有雪豹、盘羊、猞猁、紫貂、黑琴鸡、松鸡等。阿尔泰山垂直分层明显，包括森林、草原、草甸、湖泊、冰川等，美学价值极高。阿尔泰生态系统完整、物种丰富、景观独特，非常具有国家代表性。另外，该区是中国蒙古族图瓦人唯一的聚居地，少数民族风情浓郁，历史传说众多，文化积淀深厚。

区域内现有自然保护地包括喀纳斯国家级自然保护区、额尔齐斯河科克托海湿地省级自然保护区、喀纳斯湖国家地质公园、贾登峪国家森林公园、白哈巴国家森林公园、白哈巴河白桦国家森林公园等。

11.7.11　艾比湖国家公园

艾比湖国家公园位于博罗科努山（天山山脉北支之一）北坡，是我国西部的国门湖泊，准噶尔盆地最大的湖泊、西南缘最低洼地和水盐汇集中心，新疆第一大咸水湖，空间范围涉及新疆托里、精河、博乐等县（市），面积 5036 平方千米。

艾比湖国家公园属准噶尔盆地温带荒漠生态地理区，生态系统类型以温带湿地生态系统为主，还有温带荒漠生态系统等。它是中国内陆荒漠物种最为丰富的区域，高等植物近 400 种，以珍稀荒漠树种白梭梭母树林、梭梭为代表，并有旱生、盐生、沙生、湿生、水生等多种植被群落；也是中国新疆西北部重要的鸟类迁徙地、繁殖地、越冬地，成为我国内陆干旱区一座独特的生物基因宝库，在我国干旱荒漠区乃至亚洲荒漠区极为稀有，脊椎动物 180 多种。艾比湖、甘家湖拥有高大的沙丘、低矮起伏的沙地，平坦的盐漠、水域、沼泽，梭梭、胡杨、柽柳等典型沙生植物和多样的地貌，代表了我国西部特有的内陆荒漠景观。是维吾尔族、回族、哈萨克族、蒙古族等少数民族聚居区，民族文化价值较高。

区域内现有自然保护地包括新疆艾比湖湿地国家级自然保护区、新疆甘家湖梭梭林国家级自然保护区、夏尔希里自然保护区等。

11.7.12　西天山国家公园

西天山国家公园位于中天山西段，伊犁河谷东南部，空间范围涉及新疆和静、新源、巩留、特克斯等县（市），面积 11069 平方千米。

西天山国家公园属天山山地草原、针叶林生态地理区，主要生态系统类型为以雪岭云杉为代表的山地森林生态系统、山地草原生态系统和沼泽湿地生态系统，保存了我国西部最大的原始针叶林和天山仅存的带状分布阔叶林。生物多样性十分丰富，野生植物近 800 种，保护植物有新疆野苹果、野杏、阿魏、紫草、雪莲、黄芪、苔草、毛茛、水毛茛、狸藻、杉叶藻等；野生动物近 200 种，保护动物有黑鹳、金雕、白肩雕、雪豹、北山羊、大天鹅、灰雁、斑头雁、绿头鸭、琵嘴鸭、灰鹤等，其中，巴音布鲁克湿地被誉为"天鹅湖""天鹅的故乡"。伊犁草原自然景观价值极高，西天山雪岭云杉林被评为"中国最美的十大森林"之一，伊犁草原被评为"中国最美的六大草原"之一，巴音布鲁克湿地被评为"中国最美的六大湿地沼泽"之一。西天山以少数民族民俗文化、高山草原游牧文化、宗教文化等为代表的历史文化价值高,被誉为"塞外江南"。

区域内现有自然保护地有巴音布鲁克国家级自然保护区、西天山国家级自然保护区、新源山地草甸类草地省级自然保护区、那拉提国家森林公园、巩留恰西国家森林公园等。

11.7.13 帕米尔国家公园

帕米尔国家公园位于帕米尔高原最西端,空间范围涉及新疆阿克陶、塔什库尔干等县,面积 29720 平方千米。

帕米尔国家公园属柴达木盆地及昆仑山北坡荒漠生态地理区,主要生态系统类型为荒漠生态系统,植物多为中山、亚高山种类,以矮生、垫状或多绒毛为主要特征,组成高山荒漠、高山草甸等,高等植物约 480 种;脊椎动物 218 种,重点保护动物有雪豹、北山羊、盘羊、岩羊、棕熊等。帕米尔自然景观独特,以荒漠景观、山地景观为主,拥有世界第二高峰——乔戈里峰,还有部分湿地景观,如克勒青河谷等。历史文化价值高,是塔吉克族聚居区,拥有塔吉克族人文景观和民族文化,也有历史遗迹石头城和公主堡等。

区域内现有自然保护地有塔什库尔干野生动物省级自然保护区、帕米尔高原湿地省级自然保护区等。

11.7.14 居延海国家公园

居延海国家公园位于阿拉善沙漠北部,空间范围涉及内蒙古额济纳旗,面积 10931 平方千米。

居延海国家公园属阿拉善高原温带半荒漠生态地理区,主要生态系统类型为温带荒漠生态系统以及天然胡杨林构成的荒漠绿洲森林生态系统等。高等植物 67 种,重点保护以胡杨和柽柳为主的天然森林植物群落;脊椎动物 118 种,珍稀濒危动植物物种有蒙古野驴、野马、野骆驼、胡兀鹫等。居延海景观类型多样,主要有沙漠景观、戈壁景观、峡谷景观和风蚀地貌景观;额济纳胡杨林是世界三大胡杨林区之一,也是内蒙古西部荒漠区唯一的乔木林区,景观美学价值极高。居延海拥有丰富灿烂的历史文化,是蒙古族游牧文化的摇篮,还有众多著名遗址,如黑城遗址、绿城遗址、大同城遗址、居延城、五座塔和哈工城子等。

区域内现有自然保护地包括额济纳胡杨林国家级自然保护区、马鬃山古生物化石省级自然保护区、额济纳梭梭林县级自然保护区、阿拉善沙漠国家地质公园等。

11.8　海洋候选国家公园

11.8.1　渤海长山列岛国家公园

黄渤海过渡区，海岛生态类型。主要保护鸟类、贝类、海参、藻类等珍稀濒危生物以及森林、海岛、海岸、海水等景观。整合山东长岛国家级自然保护区、国家森林公园、国家地质公园、国家级海洋公园。位于山东半岛北部外海二级、三级生态优先区内。

11.8.2　黄海威海成头山国家公园

海岸、海湾和海岛 3 种生态系统类型。分布典型的海蚀地貌和海蚀洞景观。整合荣成大天鹅国家级自然保护区、海洋特别保护区和水产种质资源保护区。位于山东半岛北部周边海域三级生态优先区内。

11.8.3　东海南北麂列岛国家公园

海岛生态类型。主要保护贝类、藻类、鸟类、水仙花等珍稀濒危生物以及海岛、海岸、海水等景观。整合南麂列岛国家级自然保护区、4A 级风景名胜区。位于南北麂列岛一级生态优先区内。

11.8.4　东海福鼎福瑶列岛国家公园

海岛生态类型。主要保护刀蛏、龟足、海鸟等珍稀生物和草地、红树林、海岸、海水等景观。整合福瑶列岛国家级海洋公园、省级风景区、宁德海洋生态国家级特别保护区。

11.8.5　南海雷州半岛国家公园

珊瑚礁和海湾生态类型。主要保护珊瑚、白蝶贝等珍稀濒危生物以及珊瑚礁、海岸、海水等景观。整合相邻的徐闻珊瑚礁、雷州珍稀海洋生物两处国家级自然保护区。

11.8.6　南海北部湾（广西沙田）国家公园

红树林和海草床生态类型。主要保护儒艮、海鸟等珍稀濒危生物以及红树林、海水等景观。整合相邻的山口红树林和合浦儒艮两处国家级自然保护区。位于钦州湾海域一级生态优先区内。

11.8.7　南海万宁大洲岛国家公园

热带—亚热带过渡类型。主要保护珊瑚、海鸟等珍稀濒危生物以及海岛、海水等景观。整合大洲岛海洋生态国家级自然保护区以及附近海域。位于环海南岛东南周边海域一级生态优先区内。

11.8.8　南海珊瑚礁国家公园

珊瑚礁生态类型。主要保护珊瑚、砗磲、海龟、海鸟等珍稀濒危生物以及珊瑚礁、海岛、海水等景观，整合现有 6 处国家级和 6 处省级自然保护区、7 处国家级水产种质资源保护区。位于西沙岛礁区、中沙岛礁区和南沙岛礁区等二级生态优先区内。

参考文献

[1] 巴树桓. 建立国家公园体制的探讨与思考[N]. 内蒙古日报（汉），2015-01-27.

[2] 陈耀华，黄丹，颜思琦. 2014. 论国家公园的公益性、国家主导性和科学性[J]. 地理科学，34（3）：257-264.

[3] 崔鹏，雍凡，徐海根. 2016. 我国滨海湿地及生物多样性保护的现状、问题与对策[J]. 世界环境，（S1）：26-28.

[4] 傅伯杰，刘国华，欧阳志云，等. 2013. 中国生态区划研究[M]. 北京：科学出版社.

[5] 广东省政府. 1993. 广东省社会性、群众性自然保护小区暂行规定[Z]. 1993-06-07.

[6] 国家海洋局. 2005. 海洋特别保护区管理办法[Z]. 2005-11-16.

[7] 国家海洋局第三研究所. 2010. 中国海洋生物多样性保护战略与行动计划（2013—2030）[Z]. 2010-09-17.

[8] 国家环境保护局. 1994. GB/T 14529—93 自然保护区类型与级别划分原则[S]. 北京：中国标准出版社.

[9] 国家环境保护总局. 2007. HJ/T 338—2007 饮用水水源保护区划分技术规范[S]. 北京：中国环境科学出版社.

[10] 国家林业局，财政部. 2013. 国家公益林认定办法（暂行）[Z]. 2013-04-27.

[11] 国家林业局，财政部. 2013. 国家级公益林管理办法[Z]. 2013-04-27.

[12] 国家林业局，财政部. 2017. 国家级公益林区划界定办法[Z]. 2017-04-28.

[13] 国家林业局. 2000. GB/T 18005—1999 中国森林公园风景资源质量等级评定[S]. 北京：中国标准出版社.

[14] 国家林业局. 2008. LY/T 1754—2008 国家湿地公园评估标准[S]. 北京：中国标准出版社.

[15] 国家林业局. 2011. 国家级森林公园管理办法[Z]. 2011-05-20.

[16] 国家林业局. 2016. 国家沙漠公园发展规划（2016—2025 年）[Z]. 2016-10-08.

[17] 国家林业局. 2013. 国家沙漠公园试点建设管理办法[Z]. 2013-12-31.

[18] 国家林业局. 2010. 国家湿地公园管理办法（试行）[Z]. 2010-02-20.

[19] 国家林业局. 1993. 森林公园管理办法[Z]. 1993-12-11.

[20] 国家林业局保护司. 2005. 国家林业局关于加强自然保护区建设管理工作的意见[Z]. 2005-04-14.

[21] 国土资源厅. 2013. 国家地质公园建设标准[EB/OL]. http://www.geoparkhome.com/detail.aspx？node=363&id=465[2017-07-14].

[22] 黄伟，曾江宁，陈全震，等. 2016. 海洋生态红线区划——以海南省为例[J]. 生态学报，36（1）：268-276.

[23] 黄小平，张凌，张景平，等. 2016. 我国海湾开发利用存在的问题与保护策略[J]. 中国科学院院刊，31（10）：1151-1156.

[24] 黄宗国，林茂. 2012. 中国海洋物种和图集[M]. 北京：海洋出版社.

[25] 蒋志刚. 2016. 中国脊椎动物生存现状研究[J]. 生物多样性，24（5）：495-499.

[26] 李占海，柯贤坤，周旅复，等. 2000. 海滩旅游资源质量评比体系[J]. 自然资源学报，5（3）：229-235.

[27] 刘洪滨，刘振. 2015. 我国海洋保护区现状、存在问题和对策[J]. 海洋信息，（1）：36-41.

[28] 刘静，刘录三，郑丙辉. 2017. 入海河口区水环境管理问题与对策[J]. 环境科学研究，30（5）：645-653.

[29] 刘瑞玉. 2011. 中国海物种多样性研究进展[J]. 生物多样性，19（6）：614-626.

[30] 鹿守本. 1996. 我国海洋资源开发与管理[J]. 科技导报，14（3）：8-11.

[31] 孙鲁峰，徐兆礼，邢小丽，等. 2012. 鱼山渔场近海海域浮游植物数量与上升流的关系[J]. 海洋环境科学，31（6）：881-888.

[32] 王斌. 1999. 中国海洋生物多样性的保护和管理对策[J]. 生物多样性，7（4）：347-350.

[33] 王新星，于杰，李永振，等. 2015. 南海主要上升流及其与渔场的关系[J]. 海洋科学，39（9）：131-136.

[34] 王毅杰，俞慎. 2013. 三大沿海城市群滨海湿地的陆源人类活动影响模式[J]. 生态学报，33（3）：998-1010.

[35] 吴培强，张杰，马毅，等. 2013. 近20年来我国红树林资源变化遥感监测与分析[J]. 海洋科学进展，31（3）：406-414.

[36] 吴征镒，孙航，周浙昆，等. 2010. 中国种子植物区系地理[M]. 北京：科学出版社.

[37] 徐网谷，高军，夏欣，等. 2016. 中国自然保护区社区居民分布现状及其影响[J]. 生态与农村环境学报，32（1）：19-23.

[38] 于非，张志欣，刁新源，等. 2006. 黄海冷水团演变过程及其与邻近水团关系的分析[J]. 海洋学报，28（5）：26-34.

[39] 苑克磊，滕菲，钟山，等. 2015. 北海区国家级海洋保护区发展存在的问题及对策研究[J]. 海洋开

发与管理，（11）：37-41.

[40] 张云，张英佳，景昕蒂，等. 2012. 我国海湾海域使用的基本状况[J]. 海洋环境科学，31（5）：755-757.

[41] 赵漫，余景，陈丕茂，等. 2015. 海湾生态系统健康评价研究进展[J]. 安徽农业科学，43（35）：8-11.

[42] 赵美霞，余克服，张乔民. 2006. 珊瑚礁区的生物多样性及其生态功能[J]. 生态学报，26（1）：186-194.

[43] 赵松乔. 1983. 中国综合自然地理区划的一个新方案[J]. 地理学报，38（1）：1-10.

[44] 郑凤英，邱广龙，范航清，等. 2013. 中国海草的多样性、分布及保护[J]. 生物多样性，21（5）：517-526.

[45] 中共中央办公厅，国务院办公厅. 2017. 关于划定并严守生态保护红线的若干意见[Z]. 2017-02-07.

[46] 中国生物多样性国情研究报告编写组. 1998. 中国生物多样性国情研究报告[M]. 北京：中国环境科学出版社.

[47] 中华人民共和国国家旅游局. 2003. GB/T 18972—2003 旅游资源分类、调查与评价[S]. 北京：中国标准出版社.

[48] 中华人民共和国国土资源部. 1995. 地质遗迹保护管理规定[Z]. 1995-05-04.

[49] 中华人民共和国国土资源部. 2010. 国家地质公园规划编制技术要求[Z]. 2010-06-12.

[50] 中华人民共和国国务院. 2006. 风景名胜区条例[Z]. 2006-09-19.

[51] 中华人民共和国国务院. 1994. 中华人民共和国自然保护区管理条例[Z]. 1994-10-09.

[52] 中华人民共和国国家环境保护总局. 2007. 国家重点生态功能保护区规划纲要[Z]. 2007-10-31.

[53] 中华人民共和国建设部. 1999. GB 50298—1999 风景名胜区规划规范[S]. 北京：中国建筑工业出版社.

[54] 中华人民共和国农业部. 2003. 农作物种质资源管理办法[Z]. 2003-06-26.

[55] 中华人民共和国农业部. 2010. 水产种质资源保护区管理暂行办法[Z]. 2010-12-30.

[56] 中华人民共和国农业部. 2010. 水产种质资源保护区管理暂行办法[Z]. 2010-12-30.

[57] 中华人民共和国水利部. 2013. SL 300—2013 水利风景区评价标准[S]. 北京：中国水利水电出版社.

[58] 中华人民共和国水利部. 2004. 水利风景区管理办法[Z]. 2004-05-10.

[59] 朱春全. 2014. 关于建立国家公园体制的思考[J]. 生物多样性，22（4）：418-420.

[60] Adrian G Davey，Adrian Phillips. 1998. National System Planning for Protected Areas[R]. IUCN，Gland，Switzerland and Cambridge，UK.

[61] Antonio G M La Vina，James L Kho，Mary Jean Caleda. 2010. Legal Framework for Protected Areas：

Philippines[DB/OL]. http://cmsdata. iucn.org/downloads/ philippines.pdf[2017-08-19].

[62]　Australian Government Department of the Environment and Energy. 2014. CAPAD 2014 data[DB/OL]. http://www.environment.gov.au/land/nrs/science /capad/2014#Terrestrial_protected_area_data [2017-07-19].

[63]　Australian Government Department of the Environment and Energy. 1999. Environment Protection and Biodiversity Conservation Act 1999（EPBC Act）[DB/OL]. http://www.environment.gov.au/epbc [2017-07-19].

[64]　Bostock H S. 1970. Physiographic Regions of Canada[DB/OL]. http://geoscan.nrcan.gc.ca/starweb/ geoscan/servlet.starweb？path=geoscan/fulle.web&search1=R=108980.[2017-07-14].

[65]　Craig L Shafer. 1999. History of Selection and System Planning for US Natural Area National Parks and Monuments：Beauty and Biology[J]. Biodiversity & Conservation，8（2）：189-204.

[66]　Government of Canada. Canada National Parks Act[DB/OL]. http://laws-lois.justice.gc.ca/eng/ acts/n-14.01/page-1.html[2017-07-19].

[67]　Institute of Geography and Statistics of Brazil. 2004. IBGE lança o Mapa de Biomas do Brasil e o Mapa de Vegetação do Brasil，em comemoração ao Dia Mundial da Biodiversidade[DB/OL]. http://www.ibge.gov.br/home/ presidencia/noticias/21052004biomashtml.shtm[2017-07-14].

[68]　Jamie Benidickson. 2009. Legal Framework for Protected Areas：Canada[DB/OL]. https:// www.iucn.org/downloads/canada.pdf[2017-07-19].

[69]　Margules C R，Pressey R L. 2000. Systematic Conservation Planning[J]. Nature，（405）：243-253.

[70]　Miklos D F Udvardy. 1975. A Classification of the Biogeographical Provinces of the World[R]. IUCN Occasional Paper No. 18.

[71]　National Park Service. Criteria for New Parklands[DB/OL]. https://parkplanning.nps.gov/files/ Criteria%20for%20New%20Parklands.pdf[2017-07-14].

[72]　Nigel Dudley. 2016. IUCN 自然保护地管理分类应用指南[M]. 朱春全，欧阳志云，等译. 北京：中国林业出版社.

[73]　Philippines FAO. 1992. National Integrated Protected Areas System Act 1992（Republic Act No. 7586 of 1992）[R]. Official Gazette，1992-07-20.

[74]　Rachel Carley. 2001. Wilderness A to Z：An Essential Guide to the Great Outdoors[M]. New York，NY：Simon & Schuster.

[75]　Roger Crofts，Nigel Dudley，Chris Mahon，et al. 2014. A Report and Recommendations on the Use of the IUCN System of Protected Area Categorisation in the UK[R]. London，UK：IUCN National

Committee UK.

[76] Ronald A Foresta. 1985. Natural Regions for National Parks: the Canadian Experience[J]. Applied Geography, 5 (3): 179-194.

[77] Rowe J S. 1959. Forest Regions of Canada[R]. Government of Canada, Department of Northern Affairs and National Resources, Forestry Branch, Headquarters, Ottawa. Bulletin 123. 71 p.

[78] Rowe J S. Forest Regions of Canada. Department of Northern Affairs and Natural Resources, Forestry Branch, Forestry Bulletin 123 Russian Government. Russian Federation Law[DB/OL]. http://oopt.info/oopt_statut.html[2017-07-19].

[79] Rylands Anthony B, Brandon Kathina. 2005. Brazilian Protected Areas[J]. Conservation Biology, 19 (3): 612-618.

[80] The Republic of the Philippines. 1987. Constitution of the Republic of the Philippines[DB/OL]. http://www.gov.ph/index.php? option= com_content&task=view&id=200034&Itemid=26[2017-07-19].

[81] The United States Department of the Interior, NPS. 1970. Act to Improve the Administration of the National Park System (General Authorities Act.) [DB/OL]. https://www.nps.gov/parkhistory/online_books/anps/anps_7a.htm[2017-07-19].

[82] The United States Department of the Interior, NPS. 1932. Nomenclature of Park System Areas[DB/OL]. http://www.nps.gov/ parkhistory/hisnps/NPSHistory/nomenclature.html [2017-07-19].

[83] The Zimbabwe Parks & Wildlife Management Authority. 1975. Parks and Wild Life Act[DB/OL]. https://www.unodc.org/res/cld/document/parks-and-wild-life-act_html/Parks_And_Wild_Life_Act.pdf [2017-08-19].

[84] UNEP-WCMC. 2017. Protected Area Profile for Australia from the World Database of Protected Areas[DB/OL]. https://www.protectedplanet.net/country/AU[2017-08-18].

[85] UNEP-WCMC. 2017. Protected Area Profile for Canada from the World Database of Protected Areas[DB/OL]. https://www.protectedplanet.net/country/CA[2017-08-18].

[86] UNEP-WCMC. 2017. Protected Area Profile for France from the World Database of Protected Areas[DB/OL]. https://www.protectedplanet.net/country/FR[2017-08-18].

[87] UNEP-WCMC. 2017. Protected Area Profile for Russian Federation, Europe from the World Database of Protected Areas[DB/OL]. https://www.protectedplanet.net/country/RU[2017-08-18].

[88] UNEP-WCMC. 2017. Protected Area Profile for Brazil from the World Database of Protected Areas[DB/OL]. https://www.protectedplanet.net/country/BR[2017-08-18].

[89]　UNEP-WCMC. 2017. Protected Area Profile for United Kingdom of Great Britain and Northern Ireland，Europe from the World Database of Protected Areas[DB/OL]. https://www.protectedplanet.net/country/GB[2017-08-18].

[90]　UNEP-WCMC. 2017. Protected Area Profile for United States of America from the World Database of Protected Areas[DB/OL]. https://www.protectedplanet.net/country/US[2017-08-18].

[91]　UNEP-WCMC. 2017. Protected Area Profile for Zimbabwe from the World Database of Protected Areas[DB/OL]. https://www.protectedplanet.net/country/ZW[2017-08-18].

[92]　Villamor Grace B. 2006. The Rise of Protected Areas Policy in the Philippine Forest Policy：An Analysis from the Perspective of Advocacy Coalition Framework[J]. Forest Policy and Economics，9（2）：162-178.

声　明

　　本书所有地理疆域的命名及图示，不代表中国国家发展和改革委员会、美国保尔森基金会和中国河仁慈善基金会对任何国家、领土、地区，或其边界，或其主权政府法律地位的立场观点。

　　本书所有内容仅为研究团队专家观点，不代表中国国家发展和改革委员会、美国保尔森基金会、中国河仁慈善基金会的观点。

　　本书的知识产权归中国国家发展和改革委员会、美国保尔森基金会、中国河仁慈善基金会和本书著（编）者共同拥有。未经知识产权所有者书面同意，严禁任何形式的知识产权侵权行为，严禁用于任何商业目的，违者必究。

　　引用本书相关内容请注明来源和出处。